U0828675

[美] 埃德蒙·伯恩（Edmund Bourne）
洛娜·加拉诺（Lorna Garano）
—— 著
张轶蓓 —— 译

应对焦虑

九种消除焦虑、恐惧和忧虑的简单方法

COPING
WITH
ANXIETY

机械工业出版社
CHINA MACHINE PRESS

感到焦虑时，你可能会回避让你感到焦虑不安的情境。但是回避不能解决问题，一直因为恐惧和忧虑止步不前实际上会让你更加焦虑，与周围的世界脱节。万幸的是，你可以学习一些方法来应对焦虑，不让焦虑控制你的人生。

《应对焦虑：九种消除焦虑、恐惧和忧虑的简单方法》（原书第2版）是根据最新研究成果全面修订而成，为你提供经临床验证过的方法，帮助你逐步应对因焦虑而产生的身体症状、心理症状和情绪症状。本书中的这些练习可以在你感到焦虑的任何时候在任何地方进行，可以帮你超越恐惧，开始生活并享受生活。不要让焦虑扰乱生活。本书将向你展示如何应对当下的忧虑和恐慌、彻底控制自己的焦虑情绪。

Coping with anxiety (Second edition) / by Edmund Bourne, PHD, and Lorna Garano / ISBN: 9781626253858
Copyright © This edition arranged with New Harbinger Publications through Big Apple Agency, Inc., Labuan, Malaysia.
Simplified Chinese edition copyright © 2017 China Machine Press
All rights reserved.

This title is published in China by China Machine Press with license from New Harbinger Publications. This edition is authorized for sale in the Chinese mainland (excluding Hong Kong SAR, Macao SAR and Taiwan). Unauthorized export of this edition is a violation of the Copyright Act. Violation of this Law is subject to Civil and Criminal Penalties.

此版本仅限在中国大陆地区（不包括香港、澳门特别行政区及台湾地区）销售。未经许可的出口，视为违反著作权法，将受法律制裁。

北京市版权局著作权合同登记　图字：01－2017－5450号

图书在版编目（CIP）数据

应对焦虑：九种消除焦虑、恐惧和忧虑的简单方法：第2版／（美）埃德蒙·伯恩（Edmund Bourne），（美）洛娜·加拉诺（Lorna Garano）著；（中国）张铁蓓译. —北京：机械工业出版社，2017.9（2025.10重印）

ISBN 978－7－111－57956－4

Ⅰ.①应…　Ⅱ.①埃…②洛…③张…　Ⅲ.①焦虑-心理调节-通俗读物　Ⅳ.①B842.6-49

中国版本图书馆CIP数据核字（2017）第216406号

机械工业出版社（北京市百万庄大街22号　邮政编码100037）
策划编辑：坚喜斌　　责任编辑：刘林澍　杨　冰
责任校对：赵　蕊　　责任印制：张　博
涿州市京南印刷厂印刷

2025年10月第1版·第31次印刷
145mm×210mm·6.75印张·94千字
标准书号：ISBN 978－7－111－57956－4
定价：55.00元

凡购本书，如有缺页、倒页、脱页，由本社发行部调换

电话服务	网络服务
服务咨询热线：（010）88361066	机 工 官 网：www.cmpbook.com
读者购书热线：（010）68326294	机 工 官 博：weibo.com/cmp1952
（010）88379203	教育服务网：www.cmpedu.com
封面无防伪标均为盗版	金 书 网：www.golden-book.com

献给所有追寻平静生活的人

——埃德蒙·伯恩

献给我的父母

——洛娜·加拉诺

本书评价

“伯恩和加拉诺为感到焦虑寻求心理指导的人们带来了一本令人欣喜、非常实用的指导手册。这本书内容新颖而且全面，最重要的是书中内容的可操作性非常强。读者阅读时可以感受到本书极强的实用性，体会到本书带来的强大效果。”

——蒂莫西 A. 西西莫尔（Timothy A. Sisemore），博士，美国亚特兰大里奇蒙特研究生大学心理咨询与心理学教授、研究主任，《暴露疗法治疗焦虑谱系障碍临床指南》（*The Clinician's Guide to Exposure Therapies for Anxiety Spectrum Disorders*）的作者

“《应对焦虑》（原书第2版）是一本教你一步步学会应对焦虑的自助手册，伯恩为读者提供了专业的指导，教给读者九种减轻焦虑、提高应对技巧的方法。本书涉及放松方法、思考技巧、正视困难情境和运动等内容，介绍了自我呵护、简化生活和减少忧虑的方法，包含了练习和问卷，为该领域做出了重要贡献。”

——林恩·亨德森（Lynne Henderson），美国社会适应中心创立者，伯克利害羞研究院创立者及负责人，《害羞与社交焦虑症》（*Helping Your Shy and Socially Anxious Client*）和《建立社交自信》（*The Compassionate-Mind Guide to Building Social Confidence*）的作者

“埃德蒙·伯恩是焦虑问题方面的顶级专家……《应对焦虑》（原书第2版）这本书内容新、价值高，无论是焦虑症患者还是想拓展该领域知识的专业人士都可以从中受益。这本书为人们创建冷静、放松、平静的生活方式提供了路线图。”

——珍妮特 E. 埃斯波西托（Janet E. Esposito），社会工作硕士，《聚光灯下：克服演讲和表演恐惧》（*In the Spot Light*）和《克服怯场》（*Getting Over Stage Fright*）的作者

“《应对焦虑》（原书第2版）在第1版的基础上更新了内容，增加了新的应对方法……作者埃德蒙·伯恩和洛娜·加拉诺在书的引言中提到约有5 000万美国人有不同的焦虑问题。本书的两位作者为读者提供了各种各样易学有效的方法，让读者可以更好地处理和应对自

己的焦虑问题。本书内容广泛，易读易学，适用于所有正在为解决焦虑问题而辛苦努力的人。”

——杰弗里·布兰特利（Jeffrey Brantley），医学博士，杜克大学整合医学研究中心正念减压项目创办人和负责人，杜克大学医学中心精神病学和行为科学系助理咨询教授，《平复焦虑的心》（*Calming Your Anxious Mind*）的作者，《正念冥想，平息怒气》（*Daily Meditations for Calming Your Angry Mind*）合著者之一

“这本书引人入胜，读起来让人感到轻松、平静、备受鼓舞。跟随两位作者以科学为基础精心铺设的道路缓解并消除焦虑，会让每一个饱受焦虑之苦的人受益良多。”

——比尔·克瑙斯（Bill Knaus），教育学博士，《这样活，不抑郁：抑郁情绪的自我调节指南》（*The Cognitive Behavioral Workbook for Depression*）和《这样活，不焦虑：焦虑情绪自我调节指南》（*The Cognitive Behavioral Workbook for Anxiety*）的作者

“《应对焦虑》（原书第2版）是一本适合所有人读的书，书中教会我们平复忧虑情绪，理性解决问题，缓和紧张心情，呵护自己的身体。要过最充实的生活，就

必须经受住各种各样的考验。在这本书里，我们学习找寻暴风中心的那处平静。”

——里德·威尔逊（Reid Wilson），博士，《停止心中嘈杂：克服焦虑新法》（*Stopping the Noise in Your Head*）的作者

“这是每个与焦虑斗争的人都应该阅读的第一本书。书中提供了清晰有效的自助方法，这些方法都已经经过验证，具有很强的可操作性。这是一本非常优秀的关于克服恐惧和焦虑的图书。”

——马修·麦克凯（Matthew McKay），博士，《思想与情感》（*Thoughts and Feelings*）的合著者之一

“当你以为一本自助手册已经足够完美，埃德蒙·伯恩却已经精益求精，让它更完美。这是关于缓解焦虑的书籍里内容最全面、最有的放矢、最简单易用的一本。强烈推荐！”

——詹尼弗 V. 欧文斯（Jennifer V. Owens），硕士，心理咨询师，以认知行为疗法治疗焦虑症方面的专家，旨在帮助飞行恐惧症患者的“自在飞行”项目的创立者

原书第 2 版序

现代社会焦虑问题越来越普遍。2015 年约有 18% 的美国人（5 000 万人左右）患有焦虑症。总体而言，焦虑症是美国人的行为障碍（behavioral disorder）中最常见的一种。为什么焦虑在我们这个时代如此普遍呢？是不是当代社会的某些方面特别容易让人焦虑？纵观历史，人类经历了战争、饥荒、瘟疫和疾病等各种考验，但是焦虑问题似乎在现代尤为突出。问题究竟出在哪里呢？

要解释如今焦虑如此普遍的原因，至少要提及三个因素——现代快速的生活节奏、统一标准和准则的普遍缺失、后工业社会人与人之间的疏离。

最近几十年，生活节奏急剧加快。50 年前的电影显示过去人们走路、开车的速度比现在慢，生活的节奏也比现在慢。现在我们大多数人都在不停地忙着做事，这是与人体的自然生命节奏相矛盾的。没有了休息，没有时间让自己静下来，我们远离了自己，变得更加焦虑。

在面对快速生活节奏的同时，我们还面对着社会、技术和环境各方面前所未有的快速改变。我们的环境和社会制度在过去50年里的改变比之前300年间的变革幅度都要大，而且变化的速度在未来只可能更快。因为没有足够的时间理解及适应这些变化，所以我们在不知不觉中变得更加焦虑。

现代生活的准则是极其多元化的。与1960年以前不同，现在没有一套共有的、一致的、全社会都认可的价值观和标准让人们去遵循。在这种“价值真空”中，我们大多数人都尝试独立生存、照顾自己，继而对该如何生活产生不确定感，这种不确定感为焦虑提供了充裕的滋长空间。面对媒体以排山倒海之势呈现给我们的相互矛盾的世界观和行为准则，我们需要建立自己的价值和道德体系。一旦找不到价值，很多人就会用各种各样的逃避和沉迷方式来填补这种缺失。我们用与自己不合拍、不搭调的方式活着，然后发现自己陷入了焦虑。

安全感和安定感源于联系感，即与他人或外在事物相联系的感觉。当人失去与自己、他人、社会、自然乃至信仰的联系感，焦虑就会出现。感觉与外界无关联或感觉疏离的时候，人更容易把某件事——几乎所有事——看成是对自己安全、健康和快乐的潜在威胁。寻找现代生活焦虑的根源，你会发现，多数时候焦虑都源自联系感缺失下的威胁观念。

第1版《应对焦虑》问世已经12年了，其中很多内容到今天仍然适用，也在新版中得以保留。出新版的目的是为了让书的内容跟上最新的发展，与新的研究成果保持一致。新版的改动如下：

第2章“放松精神”修改了录制引导式内观、练习和音乐等部分内容，把使用录音带录制改成了使用智能手机录制。

为了体现《心理医生为什么没有告诉我》（第6版）（*The Anxiety & Phobia Workbook*, *sixth edition*）中关于暴露疗法的新增内容，对本书第4章正视恐惧进行了大篇幅的重写。暴露过程分为“应对”和“控制”两个阶段。应对阶段为初级阶段，通过使用应对策略帮助接受治疗者面对恐惧；控制阶段是第二阶段，要停止使用应对策略，学习在不使用任何辅助手段的情况下完全掌控恐怖情境。此外，第4章还增加了一节，内容是关于如何保持正确心态实现成功有效的暴露。为了能与《心理医生为什么没有告诉我》最新版的相应内容匹配，我们对本书第4章关于想象暴露疗法的内容进行了重写，同时删除了约瑟夫·沃尔普（Joseph Wolpe）大约60年以前提出的“系统脱敏（疗）法”（systematic desensitization）这一术语。

第8章“停止焦虑”新增了两节。其中一节是关于“解离”（defusion），解离是接纳与承诺疗法（Acceptance and Commitment Therapy，ACT）的一个内容，包含若干方法，所有这些方法的核心都是正念（mindfulness），即置身事外地观察当前的焦虑思想，而不在焦虑思想中纠缠。新增的另一节是关于焦虑暴露法（worry exposure），焦虑暴露法是一种意象疗法，指在脑海中不断重复令人担忧的情境直到对这个情境感到厌倦。

第9章“即刻应对”介绍了很多可以帮助中断焦虑思维的转移注意力的方法，包括使用应对陈述。这些方法会分散人的注意力，让人无法完全面对恐惧，影响恐惧症的暴露治疗。因此本章在开始做了附加说明，指出本章介绍的转移注意力方法对消除忧虑有效，但可能影响第4章介绍的暴露疗法的疗效。

最后，本书结尾处还更新了参考书目，包括一些旧书的新版，同时也删掉了一些已经绝版的参考书。

很多人都在寻找解决办法，寻找简单的方法，希望让生活少些焦虑、更有价值。幸运的是，确实有可以帮助人们应对焦虑的好帮手。本书就是要努力成为这样一个好帮手。我们的目标是为读者提供一些简单的工具，帮助读者在这个复杂甚至可以说是混乱的时代寻得更多的平静和安定。找到消除焦虑的方法、创造平静安宁的生活，这不但可以让自己受益，还可以让你帮助周围的人，成为他们的好榜样。

前　言

这是一本关于如何应对焦虑的书。焦虑几乎人人熟悉，而且因为现代生活的诸多压力和复杂问题，焦虑似乎也越来越普遍。据统计，大约25%的美国成年人都在人生的某个时期出现过严重的焦虑问题。

本书提供各种实用策略帮你更好地处理各种各样的焦虑问题。在实际运用这些策略之前，我们需要先了解一下焦虑的本质。焦虑有不同的形式和程度，认识你所面对焦虑问题的类型和严重程度（如日常焦虑和焦虑症）能让你更清楚地了解自己在处理的问题是什么。此外，了解焦虑产生的不同原因也非常有用。知道自己的焦虑问题源自何处，尤其是知道哪些因素让你的焦虑问题持续存在，可以在你确定本书中哪种策略可能对解决你的问题最有帮助时为你提供参考。

焦虑的种类

我们可以通过“焦虑是什么”和“焦虑不是什么”

这两个问题来认识焦虑的本质。例如，有几种方法可以将焦虑和恐惧区分开来。人恐惧的时候，恐惧感通常是因为外界某个具体的事物或情境而产生的，而且这个事物或情境就在眼前。人们害怕的可能是无法在期限内完成工作，可能是考试不合格，也可能是被想要取悦的人冷落。与之不同，人感到焦虑时，常常说不清楚自己焦虑的是什么。

焦虑的产生不是因为外界具体的事物或情境，而是源自想象中的危险，这个危险并不在眼前，而且发生的可能性也只是微乎其微。人们可能为将来焦虑，为自身的安全焦虑，或者为即将要面临的某种不确定性而焦虑。人们还可能因为对自己或某个情况失去控制而焦虑，或者因为面对挑战时发生的某件不好的事情而隐隐感到焦虑。

焦虑影响人的整体，让人在生理、行为和心理方面同时出现反应。生理上，焦虑会引起心跳加快、肌肉紧张、恶心反胃、口干舌燥和出汗等身体反应。行为上，焦虑会限制人的活动能力、表达能力以及处理某些日常事务的能力。心理上，焦虑会引起恐惧不安的主观体验。在严重的情况下，焦虑可以让人感觉脱离了自己的身体，甚至陷入死亡或发疯的恐惧中。

焦虑影响人的生理、行为和心理，这个事实对于如何应对焦虑有着重要的启示。完整的应对方案必须同时涉及以下三个方面：应对者需要学习如何减少生理反应、消除回避行为、改变让人持续忧虑不安的自我对话。

焦虑有不同的表现形式和严重程度，轻微者会突然感到强烈的局促不安；严重者会出现惊恐发作（panic attack），具体症状为心悸、震颤、出汗、头晕、定向障碍和惊骇等。突然产生的与特定情境无关的焦虑称为“自由浮动性焦虑”（free-floating anxiety），情况更严重的称为“自发性惊恐发作”（spontaneous panic attack）。因为某种情境而产生的焦虑称为“情境性焦虑”（situational anxiety）或“恐怖性焦虑”（phobic anxiety）。与平常的担忧不同，情境性焦虑往往表现为脱离实际的过度担忧。如果对在高速公路上驾驶、看医生或社交等过度担忧，则可认定为情境性焦虑。一旦出现回避这些情境的行为，情境性焦虑就变成了恐怖性焦虑。换句话说，恐怖性焦虑就是不断回避情境的情境性焦虑。

通常情况下，焦虑感只有在想起一种特殊情境时才会产生。不得不面对困境或恐怖情境时，人会对可能发生的事感到忧虑和苦恼，经历我们常说的“预期性焦虑”（anticipatory anxiety）。程度较轻的预期性焦虑很难与普通的担忧区分开来，担忧的定义即为预期未来的事会有不好的结果。但有时预期性焦虑会变得非常严重，进而发展成为“预期性惊恐”（anticipatory panic）。

自发性焦虑（或惊恐）和预期性焦虑（或惊恐）二者之间有一个显著的区别。自发性焦虑多是突然出现的，焦虑情绪迅速达到顶点，然后逐渐减弱。通常在5分钟内焦虑情绪就会达到高潮，然后经过1小时或更久，情绪逐渐平复。与此不同，预期性焦虑一般是因为遇到或想到让人感觉危险的情境，逐渐积累而成，持续的时间也更长。从开始焦虑到极度焦虑的过程可能会持续1小时甚至更久，之后因为疲倦或者因为有其他事情吸引注意力而停止焦虑。

焦虑与焦虑症

焦虑是当代社会生活不可避免的一部分。要知道，日常生活中总会出现这样或那样的情况。这些情况发生时，我们产生焦虑反应，这是非常合情合理的。如果遇到挑战时面对可能出现的损失或者可能遭遇的失败没有一丝一毫的焦虑，那倒可能是出问题了。本书不但能帮助那些正在与焦虑症抗争的人，对有正常焦虑反应的人群也同样有帮助。换句话说，本书能让所有人受益。不管你的焦虑属于哪一类型或者焦虑程度如何，要在日常生活中加强身体锻炼、学习放松技巧、养成良好的习惯，同时还要关注自我对话、注意自我呵护、警惕错误观念、简化生活方式，这些都可以让你的生活少一些焦虑。

七种主要的焦虑症

与一般正常的焦虑不同，焦虑症表现出来的焦虑程度更甚（如惊恐发作），持续时间更久（造成精神压力的状况消失后焦虑可能持续数月），甚至还可能导致恐惧症，妨碍正常生活。以下是心理健康专家公认的几种焦虑症。

惊恐障碍（Panic Disorder）

惊恐障碍的特点是突然之间反复出现莫名的极度焦

虑不安，每月至少发作一次，有时有额外多次发作的可能。通常惊恐发作会伴有毫无根据的恐惧，如害怕心脏病发作、害怕突患疾病、害怕自己发疯。对于饱受惊恐障碍折磨的人而言，惊恐是极其恐怖的。

广场恐惧症（Agoraphobia）

广场恐惧症的特点是害怕在一些场所或情境出现惊恐发作，包括自己感觉不安全的场所，感觉远离安全地点的地方（如远离家的地方），或者感觉很难逃离的情境（如在高速公路上行驶或在食杂店排队）。这类恐惧可能导致对各种场所和情境的回避行为。

社交恐惧症（Social Phobia）

社交恐惧症表现为在接受他人审视或必须表现自己的场合过分害怕尴尬或丢脸，通常伴有部分或完全回避社交场合的行为。患有社交恐惧症的人可能会害怕参加单位的会议、害怕在课上发言、害怕参加聚会或是集体郊游、害怕见生人，甚至害怕去公共卫生间。社交恐惧症可以表现为不同的形式。

特定恐惧症（Specific Phobia）

特定恐惧症是指当事人对某一特定事物或情境感到强烈恐惧，从而回避不去面对。恐惧的事物或情境可能是蜘蛛、水、雷暴、电梯和飞行等。

广泛性焦虑症（Generalized Anxiety Disorder）

广泛性焦虑症是一种慢性焦虑障碍，担忧的问题至少两个（如工作和健康），持续时间至少 6 个月。常见的生理症状有肌肉紧张和心跳加快，不并发惊恐发作或恐惧症。

强迫症（Obsessive-Compulsive Disorder）

强迫症的主要特点是强迫观念和（或）强迫行为。强迫观念是一种重复性思维，反复出现、挥之不去。强迫行为是为消除焦虑而进行的习惯性行为，耗费时间、引起显著痛苦。不停洗手和反复检查是强迫症常见的两种表现形式。

创伤后应激障碍（Post-Traumatic Stress Disorder）

创伤后应激障碍是经历自然灾害、人身侵犯、强奸或意外事故等严重创伤后产生的精神障碍，其症状表现为持续焦虑、不断想起创伤经历、情感麻木等。该病症也可发生在目睹他人受伤或死亡的人身上。

美国精神病学会（American Psychiatric Association，APA）制订了各种焦虑症的诊断标准，并将其列入《精神疾病诊断与统计手册》（第 5 版）（*Diagnostic and Statistical Manual of Mental Disorders*）。这本诊断手册简称为 DSM-5，被心理健康专家广泛使用。若想了解各种焦虑症更为详细的描述和具体治疗的指导原则，请参阅伯恩所写的《心理医生为什么没有告诉我》（第 6 版）（*The Anxiety and Phobia Workbook*）第 1 章。

焦虑产生的原因

焦虑症的症状通常看起来都很不合理，也无法解释，所以很自然地会有人提出“为什么”之类的问题。

要详细考察焦虑产生的原因，首先要铭记两个基本观点。

第一，了解焦虑产生的原因可以让我们对焦虑问题的形成有更加深刻的认识，但这种认识对于克服具体困难并非必要。本书提出了放松、基于现实思考、暴露、运动和自我呵护等各种应对焦虑问题的策略，这些策略的有效性与是否知晓焦虑产生的根本原因无关。无论对成因的认识多么深入，这种认识都不是治愈疾病所必需的。

第二，要警惕普通焦虑或焦虑症都有唯一一个主因或者一种成因这样的想法。要知道，不管是普通焦虑（如为求职面试担忧）还是惊恐障碍，抑或是强迫症，都没有单一的成因，也不可能在消除这个成因后问题就得到彻底根除。焦虑问题是由多个方面的多种原因引起的，包括遗传因素、生物因素、家庭背景和教养方式、心理条件作用、近期生活转变、自我对话和个人信念体系、表达情感的能力、当前环境压力源等。

一些焦虑症专家提出了不同的单一原因理论，这些理论往往将焦虑症过度简单化，其结果就是误入两条谬误推理路线之一——生物学谬误和心理学谬误。

生物学谬误认为，某一种焦虑症只是由大脑或身体的某种生物或生理失调引起的。例如，近来就有一种趋势，把惊恐障碍和强迫症的病因简单归结于纯生物因素，认为致病原因是某种脑功能失调。认识到焦虑尤其是焦虑症可能与脑功能障碍有关是非常重要的，对此进行准确诊断对治疗会产生重要影响。但这并不代表焦虑和焦虑症就只是生理失调的结果。况且还存在“是什么导致了生理失调?”等问题。可能是心理冲突或压抑愤怒产生慢性应激（chronic stress），慢性应激导致脑功能失调，最终导致惊恐发作或广泛性焦虑症等问题。心理冲突和压抑愤怒可能在很大程度上又与一个人所受的家庭教养方式有关。任何脑功能失调最初都可能是由应激或其他心理因素引起的，因此认为焦虑和焦虑症仅仅是由生理失调引起或者主要是由生理失调引起的观点都是错误的。

心理学谬误犯了同样的错误，只是方向恰恰相反。心理学谬误认为，患社交恐惧症或广泛性焦虑症是因为在成长过程中受到了父母的忽视、遗弃或虐待，从而形成了根深蒂固的不安全感或羞耻感，最终导致成年后的畏惧性回避和焦虑。虽然家庭背景可能是导致现在问题的重要因素，但是就这样认定家庭背景是问题产生的唯一原因合理吗？答案是“并不尽然”。这种看法忽略了遗传因素和生物因素可能产生的影响。毕竟不是所有在这种缺陷家庭中长大的孩子都患上了焦虑症。事实上，在父母悉心呵护下养育长大的孩子也可能产生焦虑问题。很多焦虑问题，尤其是严重的焦虑症问题，都是遗传倾向和形成羞耻感或不安全感的幼年环境因素共同作用的结果。此外，焦虑问题还可能与当前生活方式中的多种因素以及近期承受的精神压力有关。

总而言之，单纯地把某种疾病归因于脑功能失调或心理障碍，就忽略了环境和遗传的相互影响。尽管脑功能失调可能由遗传引起，但同时也可能有应激或心理因素的影响。同样，心理问题也可能受到先天遗传倾向的影响。很难说哪个因素在先，也很难说哪个因素是最根本的原因。基于同样的原因，克服焦虑、惊恐、担忧、强迫的综合处理方法也不可以局限于孤立地解决生理或心理问题，综合采取涉及生理、行为、情绪、心理、人际和精神等不同层面的各种不同的应对策略是必要的。这种多维解决方法将贯穿全书。

焦虑问题产生的原因不但因其出现的层面不同而各异，也因其出现的时期不同而不同。下面就说说开始于人生不同时期的一些典型成因。

长期诱因

长期诱因是指产生于出生至童年时期，导致日后罹患焦虑症的因素，包括遗传因素、教养缺陷（dysfunctional parenting）、早期创伤性经历或虐待，如父母的忽视、厌弃、过度批评、过度惩罚、过度保护、酗酒、身体虐待和性虐待等。

近期环境原因

有些情况会引发惊恐发作或广场恐惧症，这些情况包括过去一两个月压力升高（或较长时间的压力积累）、重大损失、重大生活转变（如搬迁、换新工作、结婚）、疾病、吸食毒品（尤其是吸食可卡因、安非他明或大麻）。

使焦虑持续的原因

这些都是焦虑形成后使焦虑持续存在的因素，它们与当前行为、态度和生活方式有关。导致焦虑持续的原因多种多样，包括肌肉紧张，消极自我对话（总是想如果发生不好的事该怎么办），对自己、他人和生活的错误信念，不断回避恐惧或恐怖情境的行为，缺乏活动和运动，摄取过多的咖啡因和糖，吃太多垃圾食品，缺少自我呵护的能力，过于复杂的生活方式和环境，缺少自信和自我价值感（在焦虑面前感到无助，觉得自己没有能力控制焦虑）。

神经生理因素

大脑的某些状况会直接引起焦虑体验或加重焦虑情绪，这些状况包括以下三种。

- 血清素、去甲肾上腺素、γ-氨基丁酸等神经递质缺乏或失调。
- 杏仁核（amygdala）和蓝斑（locusceruleus）等脑结构过度活跃。
- 额叶皮层（frontal cortex）或颞叶皮层（temporal cortex）等中枢不能抑制杏仁核和蓝斑等脑结构的过度活跃。

关于与焦虑相关的脑功能失调的详细内容，请参阅《心理医生为什么没有告诉我》（第6版）第2章。

针对焦虑持续原因提供帮助

本书主要针对上述的第三类原因，即使焦虑持续的原因，提出应对焦虑之法。此前提及的所有导致焦虑持续的原因以及其他一些尚未提及的因素都会在本书中涉及。思想、行为和大脑是相互影响的，因此从本书中学到的内容也会影响神经生理因素，只不过这种影响更为间接。现在 DNA 重组和改造技术尚不发达，人不能改变自己的基因，但是可以根据遗传倾向改变自己的行为，更好地应对遗传倾向问题，本书会帮你做到这一点。对于父母教养方面的缺失，孩童时期的你无力改变什么，但是通过阅读相关书籍和接受专业心理治疗师的心理治疗，你可以了解童年创伤经历和受虐经历的影响，并慢慢走出这些影响（如果它们存在的话）。

导致焦虑问题的近期环境原因已经产生，但是使用本书提供的策略，你可以更好地应对近期和长期的压力。不管压力是过去的、近期的还是现在的，压力管理可以帮助你有效应对日常生活中的焦虑和担忧，帮助你更好地应对焦虑症。

药物的作用

有一种干预方法本书没有包括，那就是药物治疗。本书的目的是提供一些最新、最好、简单易用的焦虑应对策略。服用处方药要在医生的专业指导下进行，并不属于自助方法范畴，因此未在本书中涉及。处方药现在被广泛用于帮助有焦虑问题的人，尤其是用于帮助有惊恐障碍、广场恐惧症、强迫症和创伤后应激障碍等严重焦虑症的患者，因此药物治疗值得特别注意。

对于每天都要与焦虑作斗争的人们以及治疗焦虑症的专家来说，使用药物是极其重大的问题。药物的使用方法很难一概而论，依赖药物治疗的利弊也因人而异、各不相同。对于普通的焦虑和担忧，通常没有必要使用处方药，天然的方法就可以控制常见的轻度焦虑。很多人发现，实施全面的健康计划后，他们根本不需要服药，服药的也可以完全停药。全面的健康计划涉及简化生活和环境从而减少压力、留出充足的时间休息放松、经常进行有氧运动、改变自我对话和基本信念（倡导更主动、更轻松的生活方式），以及来自家人和朋友的支持。

如果焦虑症状相对较轻，这些方法就足够了。这里所说的“较轻”，是指焦虑问题没有严重影响工作能力或者重要人际关系，也没有造成巨大、持久的痛苦。

如果焦虑问题比较严重，合理用药就是治疗的重要部分。如果患的是惊恐障碍、广场恐惧症、严重社交恐惧症、强迫症或创伤后应激障碍，则药物治疗尤其重要。这里所说的“严重”，是指焦虑问题严重干扰了生活，患者已经无法工作、很难完成工作或被迫停工，而且未入睡的时候至少有一半时间感到痛苦。焦虑已经不只是让人感到讨厌或心烦，很多时候已经到了让人难以承受的地步。

如果焦虑症已经严重到影响生活，应尽早考虑药物治疗，以免病情加重发展成为慢性疾病。但如果病情在轻度至中度之间，则大多可以使用本书中提供的方法自行解决焦虑问题。

需要注意的是，如果想通过逐级暴露的方法（参见第4章“正视恐惧”）克服恐惧症，要忘记头脑中存在的焦虑与恐怖情境之间的联系，在接受暴露疗法期间经历一定程度的焦虑就是必须的。在没有服药的情况下，如果想采用暴露疗法，建议不要服药，尤其不要服用镇静类药物。如果正在服药，则要征求医生的意见，和医生讨论暴露治疗期间减少服药剂量，特别是减少服用镇静类药物的具体操作问题。

目 录

第 1 章 放松身体

阅读本章后，你将了解到：

- 如何识别导致焦虑的肌肉紧张。
- 如何在焦虑来袭时，使用渐进式肌肉放松法或被动肌肉放松法放松肌肉，舒缓焦虑情绪。
- 如何使用线索控制放松法。
- 如何识别会加重焦虑的呼吸方式。
- 如何使用腹式呼吸法控制呼吸急促、气短等焦虑症状。
- 如何开始练习瑜伽。

焦虑存在于头脑中，存在于身体的每一处

通常，焦虑表现为一系列的身体症状。事实上，被问及焦虑问题时，很多人都会列举一串令人焦虑不安的身体感受，如气短、肌肉紧张、呼吸急促和心悸等。确实，这些症状会强化那些能引起焦虑的想法。我们不妨试着把焦虑暂时看成是纯粹的身体疾病，这种疾病有哪些症状？对你的幸福感有怎样的影响？你对这些症状的反应是什么？这些身体症状看似都是身体自然的应激反应，是不可控的。但如果知道这些症状并非完全不可控，你应该会感到安慰吧！通过练习，我们可以抑制焦虑对身体的影响，逐渐摆脱焦虑的困扰。

渐进式肌肉放松

渐进式肌肉放松是一种简单的方法，通过每次放松一组肌肉来消除焦虑。几十年前，埃德蒙·雅各布森（Edmund Jacobson）医生发现渐进式肌肉放松可以有效缓解焦虑。1929 年，雅各布森出版了后来成为经

典之作的《渐进式肌肉放松法》(*Progressive Relaxation*)一书。在书中，雅各布森描述了渐进式肌肉放松这种深度放松肌肉的方法。他断言，这种方法不需要想象力、意志力或暗示。雅各布森的这种肌肉放松法，其理论前提是当人们有一些会让他们产生焦虑的想法时，身体的肌肉会绷紧，肌肉绷紧之后会让人更加焦虑，继而引发恶性循环，消除肌肉紧张，即可结束这种恶性循环。雅各布森说过：“身体放松的时候，精神是不会焦虑的。”

“我紧张死了”

如果你的焦虑与肌肉紧张有紧密关系，渐进式肌肉放松对你而言可能是行之有效的方法。肌肉紧张通常会让你感到精神紧张，放松不下来。你可能有肩颈部肌肉长期紧绷的问题，这个问题可以通过渐进式肌肉放松练习得到缓解。渐进式肌肉放松法可以有效缓解的其他症状包括紧张性头痛、背痛、下颚肌肉紧张、眼部周围肌肉紧张、肌肉痉挛、高血压以及失眠。如果你脑海中总是思绪不断、停不下来，让你感到很痛苦，你会发现系统地放松肌肉通常可以让你的思绪慢下来。如果你在服用镇静类药物，可能你会发现经常进行渐进式肌肉放松练习可以帮你降低服药剂量。

如果有伤在身

除非需要绷紧、放松的肌肉群本来就有伤，否则，使用渐进式肌肉放松法是没有什么禁忌的。如果肌肉受伤，请在使用该方法前征询医生的意见。

渐进式肌肉放松技巧

渐进式肌肉放松需要连续收缩和放松 16 组肌肉群。在不拉伤肌肉的前提下，尽量绷紧每一组肌肉群，坚持 10 秒后立即放松。放松 15 ~ 20 秒，注意感受肌肉群绷紧和放松时的不同感觉。然后进行下一组肌肉群的放松练习。

渐进式肌肉放松练习指导原则

每天至少练习 20 分钟。练习两个 20 分钟为最佳。要达到效果，每天 20 分钟的练习时间是必需的。所谓达到效果，是指坚持 2 ~ 3 周的每日练习后，一次获得的放松效果可持续整日，或者至少持续若干小时。开始的时候可以每次练习 30 分钟，但随着放松技巧的提升，你会发现放松所需的时间会减少。

在不会让你分心的安静的地方练习。这一点至关重要。练习时不要让电话铃声打扰你。如果需要，可以打开电扇或空调，遮蔽周围环境中的其他噪声。

在固定时间练习。一般来说，在醒来后、就寝前或吃饭前练习是最好的。坚持每天练习，可以巩固练习效果。

空腹练习。饭后食物需要消化，食物消化会干扰深度放松练习的进行。

选择舒服的姿势。整个身体，包括头部，都应该有支撑。躺在沙发或床上，或者靠在躺椅上，这两种姿势可以让身体得到最充分的支撑。平躺时可以在膝盖下面放一个枕头增加支撑。感到疲劳困倦时，坐着比躺着更好，这样不会睡着，有利于清醒地体验彻底的放松。

不要让身体有任何负累。解开紧身衣物，脱掉鞋子，摘下手表、眼镜、隐形眼镜和首饰等。

下定决心不为任何事担心。暂时放下让你操心的事。告诉自己，照顾好自己、保持内心平静比所有烦心事都重要。能不能真正放松，关键要看在你的价值观念里是否把内心平静放在第一位。

采取顺从、超然的态度。这可能是最重要的一点。保持顺其自然的态度，不要去想放松技巧运用得好还是不好，不要试图放松或控制自己的身体，不要评价自己的表现。放松的重点是“释放”。

绷紧但不拉伤。绷紧肌肉群时要用力绷紧 7 ~ 10 秒，但不要拉伤。可以通过数数来计秒。

专注于当下。感受每组肌肉群逐渐绷紧的过程，想象肌肉群被绷紧通常会有帮助。

释放。释放绷紧的力量时要快，之后再放松。在此过程中，要享受肌肉突然松弛的感觉。每个放松过程至少持续 15 ~ 20 秒，然后再进行下一组肌肉的放松练习。

试着重复放松口令。在每个放松过程中，可以对自己说一些放松口令，如“我在放松”“放开”“让紧张走开吧”等。

把注意力放在肌肉上。在整个练习过程中，注意力都应该放在肌肉上。如果开小差，唤回注意力，把注意力重新放到正在放松的肌肉上。

练习：渐进式肌肉放松

在安静的地方舒服地躺好，然后按照下面的步骤练习。

1. 首先，做三次腹式深呼吸，呼气时要慢，边呼气边想象全身的紧张感开始从体内流走。
2. 攥紧拳头，保持7～10秒，然后松开拳头15～20秒。以同样的时间间隔放松其他肌肉群。
3. 双手前臂抬起，前臂与上臂尽量靠拢，绷紧肱二头肌，保持……然后放松。
4. 双手手臂向外伸展至水平位置，伸肘，拉紧肱三头肌(上臂后侧肌肉)，保持……然后放松。
5. 尽量抬高眉毛，收缩前额肌肉，保持……然后放松。放松时，想象前额肌肉慢慢舒展、松弛。
6. 紧闭双眼，绷紧眼周肌肉，保持……然后放松。想象深度放松的感觉在眼睛周围蔓延。
7. 张大嘴巴，拉伸下颌关节周围的肌肉，绷紧下巴，保持……然后放松。张着嘴，让下巴自然放松。
8. 头向后仰，尽量靠向后背，收紧脖子后面的肌肉，专注于收紧颈部肌肉的动作，保持……然后放松。脖子后面的肌肉常处于紧张状态，所以最好做两次这样的“收缩—放松”活动。注意做这一步时动作要轻，以免肌肉受伤。

9. 做几次深呼吸。注意感觉头部的重量。
10. 双肩同时最大限度地向上耸起，绷紧肩部肌肉，保持……然后放松。
11. 双肩外展，尽量向背部中线靠拢，绷紧肩胛骨周围的肌肉。让肩胛处的肌肉保持紧绷……然后放松。因为肩胛处肌肉经常处于紧张状态，可以重复做“收缩—放松”活动两次。
12. 深吸一口气，绷紧胸部肌肉，坚持10秒……然后慢慢呼气。想象胸部的过度紧张感随气息的呼出而流走。
13. 收腹，收紧腹部肌肉，保持……然后放松。想象一阵放松感遍及腹部。
14. 背部弓起，拉紧下背部肌肉，保持……然后放松。如果下背疼痛，可以省略这部分练习。
15. 收紧臀部，保持……然后放松。想象臀部肌肉慢慢放松、松弛。

16. 收缩大腿肌肉，保持……然后放松。感觉大腿肌肉完全舒展、放松。大腿肌肉与骨盆相连，所以收缩大腿肌肉时必须同时绷紧臀部。
17. 向自己的方向用力伸脚趾，绷紧小腿肌肉，保持……然后放松。做这个动作时要小心，以免抽筋。
18. 蜷起脚趾，绷紧脚面，保持……然后放松。
19. 感觉一下自己的身体是否还紧张，仍感到紧张的部位，重复 1 ~ 2 次“收缩—放松”活动。
20. 现在，想象放松的感觉慢慢遍布你的全身，从头到脚，逐渐渗透到每块肌肉。

刚开始，一套完整的渐进式肌肉放松练习需要 20 ~ 30 分钟。反复练习之后，需要的时间可以减至 15 ~ 20 分钟。初期，可以在自己喜欢的电子设备，如智能手机、平板电脑、笔记本电脑上录制上述练习的音频文件，加快练习完成的速度。录制时可以用别人的声音，也可以用自己的声音，依个人喜好而定。另外，也可以购买专业制作的相关音像制品。

被动肌肉放松

除了渐进式肌肉放松，另一种可以尝试的放松方法是被动肌肉放松。被动肌肉放松不需要主动收缩和放松肌肉。对于身体紧张问题，渐进式肌肉放松的“药力”更强，但被动肌肉放松的效果也相当不错。

练习：被动肌肉放松

先深呼吸2~3次，然后舒舒服服地坐回到椅子上或床上，你现在所在的任何地方都可以……让自己保持非常舒服的状态。现在时间完完全全属于你自己，请暂时把烦心事放在一边……让时间只属于你自己……让身体的每一个部位放松……从脚开始。想象你的脚在放松……释放紧张。想象紧张感在慢慢地减少、消失……放松脚的同时，想象放松感渐渐上移到小腿。让小腿肌肉慢慢松弛、放松，释放紧张……让你此刻感觉到的小腿肌肉的紧绷感迅速消失……放松小腿的同时，让放松的感觉继续上移到大腿……让大腿肌肉松弛，完全舒展、放松。你开始感觉到身体腰部以下的部分越来越放松，你注意到越来越放松的双腿变得沉甸甸的。现在请让放松的感觉上移到臀部……感觉臀部的紧张感一点点消减、消散。很快放松感上移到腹部……释放腹部所有的紧张和不适……立即释放，想象放松的感觉在腹部周围蔓延……让放松感继续上移到胸部。胸部所有肌肉都感到松弛、放松，释放紧张。每次呼气时，想象剩余的紧张感在一点点被呼出，直到感觉胸部完全放松……放松的感觉不断加深，蔓延至胸部、腹部和腿部，你发现获得放松的美好感觉并非难事。很快，放松的感觉上移到肩部……让深深的平静和放松感遍布肩部的每一块肌肉……让肩膀自然下垂……让肩膀感到彻底放松。现在让放松的感觉下移到两个手臂，先是上臂，然后是手肘和小臂，最后下移到手腕和双手……让手臂放松……享受手臂放手的美妙感觉……现在，撇开所有烦心事，抛开所有不安、不愉快的想法……让自己越来越放松，完完全全存在于当下。现在，你感觉放松感上移到颈部，颈部所有的肌肉都松弛下来、舒展开，彻底放松。想象颈部放松，就像绳结被解开。很快，轻松感移到了下巴和嘴……让嘴放松……让下巴放松，嘴巴放松的同时想象放松的感觉来到眼睛周围。让眼睛彻底放松，眼睛周围的紧张感也都消失不见了。眼部疲劳消失，眼睛得到彻底放松。让额头也放松吧……让额头的肌肉完全舒展，彻底放松……在头部彻底放松的过程中，不管头靠在哪里，感受头的重量。享受全身放松的美好感觉……让自己沉浸在平静与安宁之中……越来越深切地体会极致的平静和安宁。

无收缩肌肉放松

不断进行渐进式肌肉放松练习，识别肌肉紧张和消除肌肉紧张的能力也随之增强。事实上，人们可能已经适应了身体变化，不需要在放松前刻意让肌肉收缩。需要做的是，逐一查看双臂、头颈、躯干和双腿这四个部分的肌肉群，看看是否有哪里的肌肉紧张。如果发觉有紧绷不适的感觉，放松即可，就像进行渐进式肌肉放松练习时每次收缩肌肉之后那样。集中注意力，切实感受每一次肌肉放松的感觉。逐一放松每一组肌肉群，直到感觉肌肉完全放松。如果某处紧绷不适的感觉无论怎样都无法消除，收缩相关肌肉或肌肉群，然后再放松。如果想放松疼痛的肌肉又担心过度绷紧肌肉会让问题加重，无收缩肌肉放松法就是不错的选择。

线索控制放松

线索控制放松是综合运用语言暗示和腹式呼吸放松肌肉的方法，这个放松法可以在任何情况下使用。首先要找一个舒服的姿势，然后使用无收缩肌肉放松法尽可能放松。集中注意力于腹部，每次吸气时腹部凸起，呼气时腹部凹入。呼吸要缓慢而有节奏，每次呼吸都让身体更放松。吸气时对自己说“吸气”，呼气时对自己说“放松”，放松全身的过程中不断对自己说“吸气……放松，吸气……放松”，持续练习 5 分钟，每呼吸一次重复一次“吸气……放松”。

线索控制法让你把“放松”这个词和放松的感觉联系起来。练习过一段时间后，这种联系会变强，你就可以随时随地放松肌肉了，唯一需要做的就是在脑海中不断重复“吸气……放松”，把全身上下的紧张不适感排解掉。线索控制放松可以让你在一分钟内缓解精神压力。

腹式呼吸

大多数人都没怎么想过自己使用的是哪一种呼吸方式，也没怎么想过呼吸方式反映出怎样的情绪状态，或对情绪状态有什么样的影响。但是，呼吸方式直接反映人体的紧张程度，也会加重或减轻焦虑症状。如果你和很多焦虑症患者一样，你至少会有以下两种呼吸问题当中的一种：

- 呼吸位置过高，呼吸浅。
- 张嘴呼吸，呼吸快，或者呼吸急促。呼吸快或呼吸急促会导致呼出的二氧化碳量偏高，而血液含氧量相对偏低。

你的呼吸是快是慢？是深是浅？呼吸的位置是胸腔还是腹腔？呼吸时嘴巴是张开的吗？可以留意一下你在压力状态和放松状态下呼吸方式的变化。

胸式呼吸和腹式呼吸

紧张时，呼吸通常会变得浅而快，而且呼吸的位置是胸腔。浅而快的胸式呼吸可能导致呼吸急促，呼吸急促又可能会引起一些与焦虑相关的身体症状，如头昏、头晕、心悸和刺痛感等。放松时，呼吸更充分、更深，呼吸的位置是腹腔。感到紧张和腹式呼吸是很难同时出现的。改变呼吸方式，从胸式呼吸改为腹式呼吸，可以中止恶性循环，让呼吸成为一种内在的焦虑控制器。

腹式呼吸会引起很多生理反应，这些生理反应有利于放松和减轻焦虑。以下是腹式呼吸对放松身体和缓解焦虑的益处：

- 提高大脑和肌肉组织的供氧量。
- 刺激副交感神经系统。自主神经系统分为交感神经系统和副交感神经系统。交感神经系统是自主神经系统中激发情绪的部分，产生引起惊恐或焦虑情绪的生理反应。与交感神经系统相反，副交感神经系统是自主神经系统中镇静机体的部分，让身体保持安静状态。

- 增强身心之间的联系感。焦虑和担忧通常会让人精神亢奋，几分钟的腹式深呼吸可以帮助你恢复身体平静。
- 更有效地排出体内毒素。体内很多毒素是通过肺部排出体外的。
- 提高注意力。思绪转得太快会让人很难集中注意力，腹式呼吸可以让头脑静下来。
- 腹式呼吸本身可以引起放松反应。

下面的练习可以帮助你改变呼吸方式，做这些练习可以让你在短时间内获得更深层次的放松。只要三分钟腹式呼吸练习或者镇定呼吸练习，就可以让人进入深度放松状态。很多人在惊恐发作发生之初，成功运用腹式呼吸法或镇定呼吸法就能将其遏制。这两种方法对减轻预期性焦虑、缓解日常忧虑不安情绪的效果也非常好。

练习：腹式呼吸

1. 感受此刻自己的紧张程度，将一只手放在腹部，也就是胸腔正下方的位置。

2. 慢慢深吸气，让气息通过鼻腔流入肺部底端。换句话说，吸气时要尽量让空气深入体内。如果是用腹部呼吸，这时手应该会被腹部顶起。腹部凸起的过程中，胸腔应该只是微动。

3. 最大限度地将空气吸入体内之后，屏住呼吸片刻，然后慢慢将气呼出。呼气既可以用鼻子也可以用嘴，看个人喜好。注意呼气要彻底，呼气时要让全身放松，可以想象四肢慢慢放松、松弛，就像布娃娃的手和腿一样。

4. 慢慢做 10 次腹式深呼吸。尽量保持呼吸平稳、均匀，不要大口吸气，也不要一下子将气呼出。吸气和呼气时慢慢从 1 数到 4，这样可以让呼吸慢下来。数几次后就不用再数了。记得每次吸气后要屏住呼吸片刻。

5. 呼吸慢下来后，从 20 数到 1。每数一个数，完成一个“吸气—呼气”过程。全过程如下：慢慢吸气……屏住呼吸……慢慢呼气（数到 20）慢慢吸气……屏住呼吸……慢慢呼气（数到 19）慢慢吸气……屏住呼吸……慢慢呼气（数到 18），以此类推。如果练习过程中感到头晕，暂停 15 ~ 20 秒，改用平常的方式呼吸，然后再继续练习。

6. 如果喜欢可以延长练习，做 2～3 组腹式呼吸，记得每组练习从 20 数到 1。有些人喜欢从 1 数到 20，没问题，可以随意。5 分钟的腹式呼吸可以显著减轻焦虑，以及缓解惊恐发作初期症状。

练习：镇定呼吸

镇定呼吸练习㊀是从古老的瑜伽练习改造而来，是快速获得深层放松的好方法，可以消减焦虑症状。

1. 采用腹式呼吸，用鼻子慢慢吸气，边吸气边从 1 数到 5。
2. 屏住呼吸，数 5 个数。
3. 慢慢呼气，数 5 个数。如果呼气时间长也可以多数几个数。呼气既可以用鼻子也可以用嘴，呼气要彻底。
4. 将气完全呼出后，用平常的节奏呼吸两次，然后再重

㊀ “镇定呼吸”这个名称源自里德·威尔逊（Reid Wilson）在《远离焦虑》（*Don't Panic: Taking Control of Anxiety Attacks*）一书中提及的同名呼吸练习，但本书中的镇定呼吸练习与威尔逊的截然不同。

复第 1 步至第 3 步。

5. 每次练习至少 3 ~ 5 分钟，完成至少 10 个“吸气（5 个数）—屏住呼吸（5 个数）—呼气（5 个数）”这样的呼吸周期。坚持练习的过程中你可能会发现呼气时比吸气时数的数要多，顺其自然。练习不要超过 5 分钟，记住每次呼气之后按正常节奏呼吸 2 次。如果练习时感到头晕，暂停并改用正常方式呼吸 30 秒，然后再继续练习。整个练习过程保持呼吸平稳、均匀，不要大口吸气或呼气。
6. 可选步骤：每次呼气时可以默默地对自己说“放松”“安静”等让人放松的词语，边说边让全身放松。坚持一段时间后，只要说出这些词语就可以让身体处于较为放松的状态。

坚持很重要

每天做腹式呼吸练习或镇定呼吸练习两次，每次 5 分钟，至少坚持 2 周。如果可以的话，每天在固定时间练习，让呼吸练习成为一种习惯。通过这些练习，你可以学会扭转引起焦虑或惊恐的生理反应。

尝试瑜伽练习

“瑜伽”一词的意思是“结合”或“联合”，即寻求身、心、神三者合一。在西方，瑜伽通常被看成是拉伸练习，但实际上瑜伽包含了广泛的人生哲学和复杂的个人转变体系。这个体系包括道德伦理观念、饮食习惯、常见拉伸动作或姿势、具体调节控制气息的练习、专注力练习和冥想。瑜伽姿势本身就有增进身体健康、提高身体柔韧性和放松身心的效果。瑜伽既可以自己一个人练习，也可以众人一起练习。

很多人发现，瑜伽不但可以平和心境，还可以让人精力充沛、充满活力。瑜伽让身体保持某种紧绷的姿势然后再放松，就这方面而言，瑜伽和渐进式肌肉放松有异曲同工之妙。与很多剧烈运动一样，瑜伽可以促进身心的统一。每一种瑜伽姿势都反映出一种心态，如某些前弯姿势表示屈服的态度，而后弯姿势则代表增强毅力。如果你有兴趣学习瑜伽，开始学习的最佳地点是健身俱乐部或专门的瑜伽学习班。如果你所在的地区没有瑜伽学习班，可以尝试在家跟着瑜伽教学视频学习。广受大众欢迎的《瑜伽》杂志官网（Yogajournal. com）上有很多很好的瑜伽教学视频。

近年来，瑜伽已经成为非常流行的减压和减轻焦虑的方法。我们建议练习瑜伽。

第2章 放松精神

阅读本章后，你将了解到：

- 如何利用引导式内观放松精神。
- 如何使用基本的冥想方法让自己专注于现在而不是担心未来。
- 如何开始收集用于放松的音乐集。

思考的速度

从醒来到入睡，大脑都在不停地忙着思考。焦虑会加快大脑思考的速度，让人感觉思绪飞转，脑海中不停涌现各种想法。本章介绍可日常使用的引导式内观和冥想方法，这些方法可以让你精神放松，专注于此时此地。如果你同很多西方人一样，那么坚持每天养生，让心情平静、精神放松的想法对你而言可能相当陌生。但我们介绍的这些方法中有些已有数百年历史，而且现在世界各地的人都在使用。简而言之，这些方法非常有效。掌握本章介绍的这些简单练习方法，可以帮助你感受内心的平静，抵御焦虑。

想象

意象是思想形成的方法之一。除了刻意、有意识的意志力以外，头脑中形成的意象也会对人的行为方式和存在状态产生深远影响。饱受焦虑困扰的人可能会想象自己身处严峻的形势或者幻想令人不安的景象。这种感觉就像是在主演希区柯克的电影，电影情节不停地在脑海中循环播放。很多年前，人们就已经认识到了想象的威力。毫无疑问，想象可以是非常可怕的。但同时我们也应该知道，虽然想象可能是焦虑之源，但想象也可以成为放松之法。

引导式内观

引导式内观是一种故意使用心理意象改变行为方式、感知方式和生理状态的方法。人们可以有意识地产生想象或心理感觉印象，以此作为预防焦虑的手段。练习引导式内观的时候，可以闭上双眼，想象自己身处某个令人心情平静的情境。像这样在脑海中上演让人宁神静气的“电影”可以大大减轻焦虑症状。下面是两种引导式内观，可以在感到紧张、忧虑或思绪不宁时用来放松精神。

成功进行引导式内观的关键是在放松的状态下练习。内观本身的一个固有特点就是让人放松，不过在练习前用腹式呼吸法（参见本书第 1 章）呼吸一两分钟有助于放松身体，人在放松后可以更真切地感受意象，意象也因此可以产生更深刻的影响，让人获得最佳的放松体验。你可以用智能手机、平板电脑或笔记本电脑录制引导式内观练习的录音，方便回放。可以使用自己的声音，也可以用别人的声音。当然，如果选择用别人的声音，这个人的声音对你来说应该是悦耳的。除了录制音频外，也可以在亚马逊网站上搜索购买相关的光盘或数字音频文件。

引导式内观练习指导原则

1. 找到一个舒服的姿势，身上不要有任何束缚或累赘，头部要有支撑。
2. 确保环境安静，不受干扰。
3. 花一点时间让身体放松。为了达到这个目的，可以在开始练习前花几分钟进行渐进式肌肉放松或腹式呼吸。
4. 完成内观练习后，跟随下面这段话，让自己恢复清醒的精神状态：

    现在，再过片刻就可以开始恢复到清醒的精神状态了。在我从 1 数到 5 的过程中，请集中注意力。我数到 5 时，可以睁开双眼，感觉清醒、精神焕发。一……开始恢复清醒。二……感觉越来越清醒。三……在变清醒的同时开始活动手脚。四……几乎完全恢复清醒。五……睁开眼睛，感觉自己完全清醒、精神焕发。

5. 完成内观练习后，站起身来四处走走，直到感觉彻底清醒、回到现实。

6. 练习结束至少 10 分钟后再开车或者做其他需要复杂协调性的活动。

练习：引导式内观——想象海滩

你走在一条长长的木栈道上，栈道的尽头是美丽宽阔的海滩。栈道上几乎空无一人，一直向视野可及的远处延伸。沙滩上的沙子又细又软……看起来几乎是白色的。你赤脚走上沙滩，脚趾缝儿间的细沙轻轻摩挲。漫步于美丽的海滩，感觉实在太美妙了。海浪拍打沙滩的声音让你感到心情平静，好像可以忘记脑海中的一切。你看着潮涌潮退……潮水慢慢涌来，一浪盖过一浪……然后再慢慢退去。大海是美丽的蓝色……看着这片蓝色就让人感到放松。你望向远处的海面，视线触及最远处的海平线，感觉海平线沿着地球表面的弧度微微向下弯曲。在细细观察海面的时候，你看见距离海岸数英里的地方一艘小小的帆船轻轻划过海面。眼前这些景象让你释放自己，越来越放松。继续走在海滩上，你清晰地感受着海边带着咸味的清新空气。你深深吸了一口气……

呼气……感到神清气爽、更加放松了。头顶两只海鸥飞过……它们在风中翱翔的姿势是那么优美……你想象着仿佛自己也可以自由飞翔。你沿着海滩漫步，感觉自己已经进入深度放松的状态。你感觉微风轻拂面颊，和煦的阳光照在脖子和肩膀上。温暖清澈的日光让你感觉更加放松……走在美丽的海滩上，你感觉分外满足。多么美好的一天啊！很快，你看见前面有一张看起来非常舒适的沙滩椅。你慢慢走向沙滩椅……走到椅子旁边，坐下来舒服地靠了下去。躺在舒服的沙滩椅上，你感觉更加放松，越来越放松。片刻之后，你闭上双眼，倾听着海浪拍打海岸的声音，一波波海浪涌来又退去，生生不息。海浪有节奏地拍打海滩的声音让你陷入美好的安静平和……越陷越深……越陷越深。

练习：引导式内观——想象森林

你走在森林深处的小路上，四周都是参天大树……松树、冷杉、红杉、橡树……试着想象你能看到这些大树。风吹过树梢发出呼呼的声音，让人感到心情平静、身体放松。你可以闻到森林地被层厚重的湿气，可以闻到泥土的味道，闻到新生幼苗和腐败树叶的味道。现在，你看向树梢的方向，看到一片浅蓝色的天空。你看到红日当空，日光透过树冠洒在地上，形成斑驳的光影，你注视着这斑驳的光影。这座森林感觉像是一座远古的大教堂……让你内心平静，充满对生命的敬畏。你可以听见远处湍急的水流声在森林里回荡，你越是靠近，声音越是响亮。很快，你就来到山边的溪水边，溪水清澈，闪着波光。想象自己坐在树下一块扁平的岩石上或是躺在绿草如茵的山坡上。你看见溪流湍急，冲刷着各种各样大大小小的岩石。这些岩石有褐色的、灰色的、白色的。你看见波光粼粼的溪水从岩石上面或旁边流过，形成或大或小的漩涡。潺潺的流水声宁静柔和，让你不知不觉间越来越放松。你深深吸入一口新鲜的空气，然后呼气，森林里各种淡淡的气味让你感到神清气爽。你躺在柔软的草地上，躺在柔软的枯叶上，躺在散发着清香气味的松针上，释放了所有的压力和担忧……美丽的森林中各种景象、声音、气味让你心中充满深深的平静。

练习冥想

对大多数人而言，摆脱思想纠缠、简单地感受当下是件非常困难的事。即使是晚上进入梦乡不再使用感官的时候，我们通常也会感受到与昨天或明天相关的记忆、幻想、思想和感情。冥想可以让我们完全静下来，抛开与过去和未来相关的各种想法，专注于此时此地。冥想还可以产生明显的放松效果。1968 年，赫伯特·本森（Herbert Benson）博士和他在哈佛大学医学院的同事们对一组练习超觉冥想（transcendental meditation）的人的生理反应进行了测量，他们发现这些人：

- 心跳和呼吸频率变慢。
- 氧消耗降低了 20%。
- 血液中乳酸浓度下降——紧张疲劳时血液中乳酸浓度上升。
- 皮肤电阻升高了 4 倍——皮肤电阻升高是放松的标志。
- 脑电图上脑电波波形显示 α 波活动增加——α 波活动的增加是大脑放松的标志。

- 冥想练习已经有至少500年的历史。传统上，人们练习冥想是为了达到宗教目的，如与上帝成为一体、获得精神觉悟、实现忘我等。尽管现在还有很多人出于宗教目的练习冥想，但也有很多人的练习与宗教无关，他们练习冥想主要是为了个人成长或是为了放松。

冥想练习指导原则

找一个安静的环境。尽量减少外界的噪声，如果做不到，可以播放由音色柔和的乐器演奏的纯音乐或是播放自然之声。海浪声是非常适合的背景音。

减少肌肉紧张。如果感觉紧张，花些时间放松肌肉。用渐进式肌肉放松法放松头颈部和肩部（参见本书第1章）或者按照下文所述方法运动头颈部都是有效的做法。注意放松的时间不要超过10分钟。首先，缓缓点头3次，然后仰头轻轻拉伸后颈3次。接下来向右肩方向转头3次，再向左肩方向转头3次。最后，按顺时针方向慢慢旋转头部3圈，再按逆时针方向慢慢旋转头部3圈。

坐姿正确。可以采用以下两种坐姿中的一种。东方式：双腿盘起坐在地上，用靠垫或枕头垫在屁股下。双手放在大腿上，身体微微前倾，让大腿和屁股一起承受身体的重量。西方式（多数美国人喜欢的坐姿）：舒服地坐在直靠背椅上，双脚触地，双腿不交叉，双手放在大腿上。

不管采用哪种坐姿，颈和背要自然保持挺直，避免紧绷僵硬的姿势。通常来说，不要躺着或者将头垫起，因为躺着或者将头垫起很容易让人入睡。

每日练习冥想，使之成为习惯。每天练习冥想非常重要，哪怕练习的时间只有 5 分钟。如果能在固定时间练习冥想是最理想的。稍后，我们会介绍两种不同的冥想法。不管练习哪一种，开始时都要每天练习 5～10 分钟，然后慢慢将练习时间延长至 20～30 分钟，坚持 2～3 周。可以在身边放一个计时器，定时 20～30 分钟，这样就知道什么时候结束。如果喜欢，可以用时钟或手表计时。每天练习 20～30 分钟，坚持数周之后，可以把冥想的时间延长到 1 小时。

不要在饱腹或疲劳的时候冥想。

选择一个专注目标。最常用的方法是利用自己的呼吸周期或者吟诵曼特罗（mantra）保持专注，也可以选择图画、烛光等物品作为专注的目标。

听之任之，不做评价。把注意力集中在选好的冥想目标上，但不要强迫自己，也不要给自己施加压力。如果是在心里默念曼特罗或者在脑海中想象，可以闭上双眼。出现让人分心的想法或者胡思乱想时，既不要试图延续这些想法或幻想，也不要太强烈地排斥。顺其自然地对待这些想法或者幻想，任其来去。然后让注意力回到你的专注目标上。这个过程像是看着树叶顺流飘过。每次分神的时候，轻轻把注意力拉回来，不要评价自己做得是好是坏。

不要总是想着冥想的结果。不要怀疑自己在余下的时间里专注的程度是否足够，不要评价自己的体验，也没有必要去想冥想过程中自己表现得好与不好。有时冥想的感觉很好，有时感觉只是一般，而有些时候要做到冥想则非常困难。

放轻松。除了把注意力轻轻地拉回到专注目标上，在冥想的过程中不要试图做任何事。越是放轻松，冥想的程度越深。

练习：曼特罗冥想

1. 选择一个专注词，可以是“calm”（镇静）、“peace”

（平静）、“one”（一）等英语词，也可以是“Om Shanti”（归于平静）等梵文短语。“now”（现在）也是不错的专注词，不断重复念诵这个词可以让你把注意力放在当下。专注词还可以是你信念体系中有重要意义的词或短语。在《放松反应续篇》（*Beyond the Relaxation Response*）一书中，本森博士说明了具有个人意义和精神意义的词语对于强化冥想效果的重要作用。

2. 在冥想的过程中不停念诵专注词或专注语，最好是在每次呼气时念诵。
3. 如果脑海中冒出一些想法，不要去理会，把注意力轻轻拉回到专注词或专注语上。
4. 坚持练习至少10分钟。

练习：数呼吸冥想

1. 静静坐着，专注于自己的呼吸。每次呼气时，从20开始倒数，数到0为止。然后从头开始，不断重复这个过程，坚持2分钟或者3分钟。另一种做法是，每次呼气时不停重复“一”，练习10分钟。

2. 注意力涣散时，把注意力带回到呼吸和数数这件事上。如果停在心里自言自语或不停幻想，不要担心，也不要评价自己做得好与不好。放轻松，继续数数。
3. 如果忘记数到哪里，从20重新开始倒数。
4. 练习数呼吸冥想一段时间后，可以停止数数，只需把注意力放在吸气和呼气上，数数的目的只是帮助集中注意力。
5. 每次练习至少10分钟。

坚持到底

很多人发现，要熟练掌握冥想需要数月时间坚持不懈、一丝不苟的努力。尽管冥想是众多放松方法中最难的一个，但对很多人而言，也是最有益的一个。有研究表明，冥想是所有放松方法中人们最有可能坚持定期练习的。

听舒缓的音乐

音乐常常被称为心灵的语言，可以触动人的内心深处。音乐可以让我们进入内心深处不受焦虑和担忧打扰的地方。舒缓的音乐可以让我们平静下来，不受日常生活压力和问题的影响，也可以让我们摆脱消沉、精神振奋。不管是开车、工作还是放松的时候，音乐都是让人释放焦虑和忧虑最有效、最经久不衰的方法。如果想借助音乐缓解焦虑，要确保选择那些可以真正让人放松的乐曲，不要选择让人兴奋或情绪激动的曲子。

用 CD 播放机播放音乐，或者把音乐下载到智能手机上。夜晚，如果不想打扰周围的人，可以戴上耳机。你会发现，音乐是练习渐进式肌肉放松、引导式内观等放松方法时最佳的背景音。

第3章 思考问题从现实出发

阅读本章后，你将了解到：

- 如何识别引起焦虑的扭曲的思维方式。
- 如何用更为现实的想法取代扭曲的观点。

我思即我得

想象一下，交通高峰期两个人坐在走走停停的汽车里。一个人觉得自己陷入困境，于是对自己说："我受不了了！""我得离开这儿！""我为什么要走这么远的路上下班呢?”这个人感受到的就是焦虑、愤怒和沮丧。另一个人觉得这是一个机会，让他可以舒舒服服地坐一会儿，放松一下，听听音乐，于是他告诉自己:“不如趁机放松一下，反正都堵着呢，慢慢走吧!”“我可以做做腹式呼吸，听听音乐，放松放松。”这个人感受到的就是平静和接纳。这个例子中的两个人所处的环境完全相同，但感受却截然不同。究其原因，是每个个体的内心独白或自我对话不同。

事实表明，我们在某种情况下对自己说的话在很大程度上决定了我们的情绪和感受。通常，我们很快很自然地说出一句话，这个过程如此快速自然以致自己都没察觉，因此就以为是外界环境让我们产生这样或那样的感受。但实际上，决定我们感受的不是我们经历了什么，而是我们对所经历之事的理解和看法。

简单来说，除了疾病等生理因素，人要为自己的感受负主要责任。这个道理非常深奥而且至关重要，有时需要很长时间才能完全理解。与承认自己的责任相比，把个人感受归咎于其他人或其他事要容易得多，但只有愿意承认自己的责任，才能真正主宰自己的人生。人是决定自己感受的主因，一旦完全接受这种认知，便可以获得极大的力量和信心。有了这种认知，我们可以生活得更加幸福，更容易实现预期目标，远离焦虑的侵扰。

焦虑症患者特别容易陷入恐惧的自我对话，不假思索地反复对自己说一些包含“如果……该怎么办”这种字眼的话，从而导致焦虑。另外，在预期遭遇困境时感受到的焦虑也是“如果……该怎么办”这种消极自我对话的结果。想完全回避某种情境多半也是因为问了自己很多吓人的问题，如“如果我惊恐发作怎么办?”“如果我应付不了怎么办?”“如果别人看到我焦虑不安，他们会怎么想?”诸如此类。清楚地知道自己何时陷入这种消极思维方式，是控制消极思想的第一步。要想有真正的改变，就要开始抵制消极思想，用积极的、自我鼓励的表达取代消极的想法。例如，你可以对自己说“这些都是想出来的。”“这只是吓唬人的说法。”“我可以处理这个问题。”或者“那又怎么样?”等等。

灾难化思维

恐惧思维有很多种，焦虑症患者最熟悉的一种是灾难化思维。此处我们重点讨论这种最容易导致焦虑的思维方式，其他类型的扭曲思维方式将在后文进行说明。所谓灾难化，就是想象某种灾难即将来临，发生了一些稀松平常的事，就想到灾难化的后果。例如，帆船漏了小洞就认为船肯定要沉，感到疲劳就以为自己得了癌症，经济稍有下滑就觉得自己很快要失业、要露宿街头。

和所有焦虑思想一样，灾难化思维通常也包含“如果……怎么办”这样的字眼。“如果我滑雪时摔断腿怎么办?”“如果我坐的飞机被劫持怎么办?”“如果我儿子吸毒怎么办?”“如果我出车祸怎么办?”“如果我考试不及格被迫退学怎么办?”“如果别人看到我惊恐发作的样子把我当成疯子怎么办?”灾难化思维可谓形形色色，无穷无尽。

过高估计与估计不足

灾难化思维形成的原因是过高估计消极后果发生的可能性和过低估计自己应对消极后果的能力。现实生活中，疲劳是由癌症引起的症状的可能性有多高呢?儿子吸毒或者滑雪时摔断腿的概率又有多大呢?退一步来说，即使最糟糕的情况真的发生，你一定没有能力解决吗?人们总是在经历各种各样的困难和难关。在我们认识的人里，有人战胜了癌症，有人克服了养育子女的难题。当然，这些经历确实很辛苦，让人感到不快或厌烦，但是在现实生活中你无法克服这些困难的可能性有多大呢？感到恐惧的你在审视加重这种恐惧的思维方式之后就会发现，常常都是灾难化思维在作祟。如果能克服扭曲思维，用符合现实的方式思考问题，焦虑水平通常会降低。基本上，灾难化思维可以定义为“不合理地高估某种风险以及低估应对这种风险的能力”。

质疑灾难化思维

以下三个步骤对于质疑灾难化思维、降低灾难化思维的影响至关重要：

1. 识别扭曲思维。
2. 质疑扭曲观点的正确性。
3. 用更符合现实的想法取代扭曲的观点。

下面是一些相关的例子。

例 1：恐惧生重病

灾难化思维方式：我总是身体乏力、精神欠佳。如果我已经得了癌症自己却不知道怎么办？如果我被确诊患了癌症，末日就到了。我接受不了，还是尽快结束一切然后自杀比较好。

识别扭曲思维：此例中的扭曲观点是“我感觉身体乏力、精神欠佳，所以我一定是得了癌症”以及“如果我得了癌症，我一定应付不来”。识别扭曲观点时，首先要列出关于某一情况所有担忧的问题，然后把这些问题转换成肯定陈述。例如，可以把“如果身体乏力、精神欠佳是癌症的症状该怎么办”变成“我身体乏力、精神欠佳，所以我是得癌症了”。

质疑扭曲观点的正确性：身体乏力、精神欠佳意味着我患上癌症的可能性有多高？如果可能性不高的事情发生了，我真的被确诊为患有癌症，情况会有多糟呢？我的身体真会垮掉，没办法活下去了吗？从现实的角度看，我真的没有办法应对这种情况吗？注意提出问题的方式。质疑扭曲观点的正确性最好用以下方式提问：“可能性是什么？”“实际上，可能性有多高？”“以前这种情况发生的频率有多高？”“如果最糟的情况发生，我真的没有任何办法吗？”

用符合现实的想法取代扭曲的观点：身体乏力、精神欠佳等症状可以代表各种各样的身体和生理状况，如轻度病毒感染、贫血、肾上腺皮质功能减退、甲状腺功能减退、抑郁症和食物过敏等。我现在的身体状况可以有很多可能性，并没有具体的症状能表明我患上了癌症。“身体乏力、精神欠佳证明我患上了癌症”的可能性非常低。而且就算最坏的情况发生，就算我患上了癌症，身体也不太可能完全垮掉。接受现实的过程并不容易，可能需要数天到数周的时间，但经过初期的适应，我可以开始思考如何应对眼前的问题。这肯定不容易，但我不会做得比别人差。医生和我会制订出最有效的治疗方案，我可以加入当地抗癌互助团体，还可以从家人朋友那里获得支持和帮助。我可以改变饮食，采用其他方法辅助治疗、帮助恢复。总之，我会尽一切努力恢复健康。

例2：害怕当众发言的时候惊恐发作

灾难化思维方式：如果我当众发言时突然惊恐发作怎么办？如果观众把我当成疯子怎么办？这件事我将永远都忘不掉。

识别扭曲思维：此例中的扭曲观点是“如果发言，我一定会惊恐发作”以及“其他人一定会以为我是疯子，这对我而言是毁灭性的”。

质疑扭曲观点的正确性：事实上，我发言时惊恐发作的可能性有多大？如果我惊恐发作，人们有多大概率会察觉我的想法并因而把我当成疯子？假设不大可能发生的事发生了，人们因为我惊恐发作把我当成了疯子，那情况能有多糟糕呢？认为永远没法忘记这件事，这种想法现实吗？

用符合现实的想法取代扭曲的观点：如果我开始惊恐发作，我可以缩短我的发言，然后轻松地坐下。人们总是沉浸在自己的想法和自己关注的事情中，不会有人注意到我的问题，也不会因为我缩短发言而感到失望难过。即使真的有人发现我惊恐发作，发现我脸红、声音发抖，他们也多半不会认为我是疯子或者认为我是怪人。如果位置对调，我会怎么想呢？我很可能会为对方感到担心。即使在少有的情况下真的有人因为我惊恐发作而认为我是个疯子或者异类，我也可以坦诚地告诉他们我有时候害怕在人前讲话。现在有很多关于焦虑症的宣传，他们应该会理解我的。无论发生什么事，过一段时间就会忘记，我永远忘不掉这件事这种想法不切实际。以前发生的尴尬事我也都经历过了。

例3：恐惧丢工作

灾难化思维方式：过去几年经济收缩，失业人数激增，如果我失业了付不起房租怎么办？我会露宿街头，然后一蹶不振。我会不好意思开口要家人和朋友帮忙，只能靠陌生人的怜悯过活。

识别扭曲思维：此例的扭曲观点是“经济衰退会导致我失业”以及“失业会让我一贫如洗、无依无靠”。

质疑扭曲观点的正确性：我失业的概率有多大？假设我真的失业了，我真的会无家可归吗？我真的会一蹶不振吗？真的没有可能开口向家人和朋友求助吗？

用符合现实的想法取代扭曲的观点：没有迹象表明我所在的公司有财务困难。即使我失业了，我也有办法应付。现在大多数人都有工作，我也能再找到工作。我很勤奋，工作干得不错。我有支持我的家人和朋友，我过去也帮助过他们，如果我交不上房租，我可以在恢复经济能力前暂时和家人或朋友住在一起。我有些存款，万一最糟糕的情况发生，我可以提前提取退休储蓄账户里的钱。另外，如果失业，我可以领取一段时间的失业救济金。失业确实艰难，但也不是不可以克服的困难。

以上三个例子说明了该如何质疑和对抗让人产生恐惧的灾难化思维方式，一言以蔽之，就是思考问题要多从现实出发，少一些焦虑。现在换你了，阅读完下面的指导原则后，你会看到现实思考练习表。你可能需要用到这个表很多次，所以在开始练习前请准备至少 20 份，可以复印本书的相关页，也可以在计算机上录入表中五个部分的内容然后打印出来。准备好之后，就可以按照指导原则对抗与恐怖情境或忧虑相关的恐惧思想了。

质疑恐惧思想指导原则

1. 选一个身体较为放松、心情较为平静的时候，最好不是焦虑发作或忧虑的时候。在对抗恐惧思想前，先放松身体，集中注意力（参见本书第 1 章和第 2 章）。
2. 放松后，问问自己："我对自己说的哪些话让我感到焦虑了？"想出所有对自己说过的"如果……怎么办"之类的话，把这些话写在表上"对自己说过的话"一栏。
3. 为了更清楚地识别扭曲想法，更易于质疑这些想法，把“如果……怎么办”这类表达变换成一般的肯定陈述。例如，把“如果这架飞机坠毁了怎么办”变换成“这架飞机就要坠毁了”这样的陈述表达后，更容易看清楚该想法的扭曲之处。把改写成肯定陈述的想法写在表上“扭曲思维方式”一栏。

4. 质疑自己的扭曲想法，问一问如下问题：“这件事发生的实际概率有多大?”“以往这类情况发生的频率有多高?”“我认为这个情况是绝对无法处理或必死无疑的吗?”
5. 借助这些问题，得出更符合实际的想法。把这些符合实际的想法写在表上“更符合现实的思维方式”一栏。
6. 最后，想一想如果最害怕的情况发生你有什么解决办法。问问自己：“如果最糟糕的情况发生我能做些什么?”多数情况下，这种做法可以让你认识到你低估了自己应对困难的能力。把你的解决办法写在表上“如果最糟糕的情况发生我能怎么做”一栏。
7. 反复不断阅读这些符合现实的想法和解决办法几

个星期，这样做可以让你加深这些看法。可以把这些内容重新写在一张卡片上，方便随身携带，随时拿出来看。

8. 重复这些步骤应对不同的恐惧或担忧，每次用一张表。

现实思考练习表

对自己说过的话

（担心某种情况发生时，常常会对自己说“如果……怎么办”之类的话，把这些话列出来。）

扭曲思维方式

（把担心的问题用肯定陈述表述出来。例如，把“如果我惊恐发作怎么办?”变成“我会惊恐发作。”把“如果他们认为我很蠢怎么办?”变成“他们会认为我很蠢。”）

质疑扭曲想法

（问自己以下问题：“这件事发生的实际概率有多大?”“以往这类情况发生的频率有多高?”“我认为这个情况是绝对无法处理或必死无疑的吗?”）

更符合现实的思维方式

(用更符合现实的想法取代扭曲的恐惧思维方式。)

如果最糟糕的情况发生我能怎么做

(你想象的最糟糕的情况多半不会发生，但如果发生，你会怎么做？列出你的解决办法。)

其他扭曲思维方式

其实，灾难化思维并不是唯一引起焦虑的扭曲思维方式。这一节，我们还要介绍另外七种扭曲思维方式。也许，你可以识别其中的一些或全部。

过滤

只关注负面信息，忽略所有积极的方面。例如，一名计算机绘图员会因为被批评感到尴尬不安。最近因为出色完成了几张详图，这位绘图员得到了表扬，但同时也被要求下次快一点完工。回到家后，这位绘图员很焦虑，认为老板觉得他干活儿拖拖拉拉。他过滤掉了得到的表扬，只关注了批评的部分。

极化思维

事情非黑即白、非好即坏，如果不是十全十美就是一无是处。对于习惯于极化思维的人而言，没有中间地带，不可以出错。一名有三个孩子的单亲妈妈决心要做一个强者，掌控一切。感到疲倦或迷茫的那一刻，这位单亲妈妈开始觉得自己是个不合格的妈妈，开始变得焦虑。

过度泛化

仅根据一个证据或者单一事件就得出一般性结论。夸大问题的频发性，使用负面综合标签。这种思维方式会让生活受到越来越多的限制。如果有一次在火车上晕车，就决定再也不坐火车。如果在六楼阳台感到眩晕，就再也不去那个阳台。如果上次丈夫出差时感到焦虑不安，就想象每次丈夫去外地时自己都会萎靡不振。以上情形的共同点是，一次糟糕的经历被理解为意味着每次身处类似的情境必然会重复相同的糟糕经历。显而易见，过度泛化会导致焦虑。“总是”“永远”这样的词都是识别过度泛化思维方式的线索。

看透他人心思

别人没说，但你就是“知道”他们的感受是什么样的以及他们为什么那样做，特别肯定别人对自己的看法和感受，只是不敢真的向他们证实。一些女孩可能会猜想男朋友的想法，然后对自己说：“距离这么近，他看出来我的妆花了。”之后就会变得焦虑，因为她认为男朋友要嫌弃自己了。

放大

夸大问题的严重性，放大所有不好的事，让事情看起来艰巨无比、难以承受。一些小的暗示会变成尖刻的批评，小的挫折会变成绝望的理由，小的坎坷会变成无法逾越的障碍。放大的反面是缩小。放大式思维就是通过望远镜看待生活中一切消极、困难的事情，将问题放大，但看待应对困难的能力等个人优点时又会站错方向，缩小所有好的方面。这种思维方式奠定了注定失败、在劫难逃的悲观基调，很容易导致焦虑。

个人化

认为别人说的话、做的事都与自己有关，频繁地将自己和他人做比较，试图确定谁更聪明、谁更有能力、谁相貌更出众……因此，认为自己的价值取决于自己是否足以媲美他人。这种思维方式会让人焦虑，担心自己是否足够好。

“应该”陈述

对于自己和他人的行为有一套严格的规则。违反规则的人会激怒你，自己违反规则时会感到内疚。“我应该是完美的朋友、家长、老师、学生、配偶……”“我应该知道每一件事，理解每一件事，预见每一件事。”“我永远都不应该犯错。”这些都是脱离实际的“应该”陈述的典型例子。个人行为准则极为苛刻，很难达到，想到这一点就让自己感到焦虑。

练习：辨别各种思维方式

下面这个练习的目的是帮你觉察和识别扭曲的思维方式。仔细阅读每一条内容，对照前面各种思维方式的简要说明，看看下面的内容或情况体现了哪一种或哪几种扭曲思维方式。

1. 一位妈妈有一对还在穿尿不湿的双胞胎宝宝。洗碗机坏了，这位妈妈对自己说："总是这样，真受不了。这一天都给毁了。"
2. "他抬起头看了我一眼，说'很有趣'。我知道他巴不得快点把早餐吃完，从我身边逃开。"
3. 一名男子想要女友更贴心一点，对他多点支持。如果晚上女友没有询问他一天的情况，或是没有给予他所期待的那种关心，他就会生气。
4. 有个人开长途车时总感到紧张，担心车出故障，担心晕车，担心滞留在离家很远的地方。现在必须得开500英里往返芝加哥，他告诉自己说："距离太远，我的车已经行驶了6万英里，开不了这么远的距离。"
5. 准备参加年终舞会时，一个高中生心想："我是班里脸型最不好看的，头发第二难看的……如果今天做的盘发散开，我就死定了，我可不会把头发盘回去，今晚可就全毁了……我希望罗恩能开他爸爸的车，如果他能把他爸爸的车开出来，就一切完美了。”

答案：1. 过度泛化，过滤；2. 看透他人心思；3.“应该”陈述；4. 灾难化思维，放大；5. 个人化，极化思维，灾难化思维

应对七种扭曲思维的七种方法

扭曲的思维方式会引起焦虑，下面是一些平衡扭曲思维方式的有效方法。

过滤

习惯于过滤式思维的人总是把注意力放在担心害怕的事情上。要克服过滤式思维，必须刻意转移注意力。可以使用两种方法转移注意力。第一，关注解决方法而不是问题本身。把注意力放在解决问题的策略上，不要

拘泥于问题本身。第二，关注常关注问题的反面。有焦虑问题的人关注的都是危险或不安全性，既然如此，试着关注周围环境中代表舒适和安全的那些事。对于各式各样的过滤式思维，可以问的一个很经典的问题是“我看到的玻璃杯是半空的还是半满的？”

极化思维

克服极化思维的关键是停止非黑即白式的判断。考虑问题时可以使用百分率：“30% 的我吓得要死，70% 的我还在坚持应对困难。”

过度泛化

过度泛化即夸大，就像是在一枚扣子上面缝一件马甲。克服过度泛化思维，要学会量化，不要使用“巨大的”“极大的”“大量的”“极小的”这类词语。例如，如果你发现自己想的是“我们身陷巨额债务”，可以换一种量化表达“我们负债 2 万 7 000 美元”。

看透他人心思

从长远来看，最好不要揣测别人内心的想法。要么相信他们说的，要么在有确凿证据前选择不信。把自己关于别人的想法都当成是假设，需要开口向他们验证和证实。有些时候，可能没办法验证自己的想法。例如，你可能没办法直截了当地问女儿她不再参与家庭活动是不是因为怀孕了或者在吸毒，但可以用其他方式解读女儿的行为，并因此减轻自己的焦虑和担忧。可能她恋爱了或者快来例假了，可能她在用功读书或者因为某件事而情绪低落。想出各种不同的可能性，你可能找到比直接怀疑更公正、可能性更高的解释。

放大

要克服放大思维方式，就要停止使用类似“可怕的”“恐怖的”“无法接受的”“糟糕透顶的”这样的词语，特别是“我受不了了”“那不可能”“真让人受不了”这样的话。你能够承受，历史证明人类可以经受几乎所有的生理打击，忍受无法想象的身体疼痛。你可以适应，可以处理几乎任何事。试着告诉自己“我可以应付困难”“我能活下去”。

个人化

发现在拿自己和他人作比较时，提醒自己每个人都有长处和弱点。把自己的弱点和别人的长处比较只会让自己灰心气馁。如果认为别人的反应与你相关，强迫自己去证实。也许老板皱眉不是因为你上班迟到，在得到合理证据和证明之前不要下任何结论。

“应该”陈述

对于包含“应该”“只得”“必须”等字眼的个人准则或期待要重新审视，加以质疑。灵活变通的准则或期待不会包含这样的字眼，因为总会有例外和特殊情况。想出至少三个会导致个人行为不符合你个人准则的例外情况，然后想象那些你想不到但必然存在的例外情况。你可以用表示“偏爱”概念的词替换强硬的“应该”“只得”“必须”等。你不是必须赢得这次比赛或者必须看起来完美无缺，你只是更希望赢得这次比赛或者更乐于看起来完美无缺。

第4章 正视恐惧

阅读本章后，你将了解到：

- 如何利用暴露疗法在现实生活中面对恐怖情境，克服恐惧。
- 如何通过想象暴露在头脑中面对现实生活中无法面对的恐怖情境，克服恐惧。

让我们正视问题

克服恐惧最有效的方法就是正视恐惧，继续回避恐怖情境只会让心心念念想要消除的恐惧进一步加深。有些焦虑与恐惧相关，对于与这类焦虑斗争的人而言，正视恐惧就如同一种宣告。实际上，如果你的反应是“这绝不可能”，我们并不会感到意外。一开始，即使是想到要面对避之良久的恐怖情境都会让人感到畏惧，甚至认为完全不可能。暴露是一个逐步、循序渐进的过程，不是突然之间完全浸没，而是以少量甚至微量递增的方式面对恐惧。暴露是暴露疗法不可或缺的重要组成部分，暴露疗法是一个全面的治疗方案，让你在可行的情况下在现实生活中正视恐惧，在不可行的情况下在想象中正视恐惧。

与恐惧相关的焦虑

很多人的焦虑源自恐惧。恐惧是对某一情境或经历的过度惧怕，这一情境或经历会让人的焦虑感骤然升高。通常，人们会回避让自己恐惧的情境。有些时候，只要想到恐怖情境就足以引发焦虑，恐惧心理和回避行为，这些反应甚至严重到妨碍正常工作、生活以及人际交往，引起巨大痛苦。常见的恐惧包括害怕乘电梯、害怕演讲、害怕飞行、害怕看医生或牙医、恐高。与其他人不同，恐惧症患者的焦虑不是突然出现的，而是因为想到恐怖情境或者想到可能要经历自己所恐惧的事情而产生的。

敏感化

恐惧是由敏感化作用造成的。敏感化是对某一刺激变得过度敏感的过程。就恐惧而言，在敏感化过程中人会把焦虑和某一具体情境联系起来。譬如，有一次你搭电梯或发表讲话时惊慌失措，如果这时非常焦虑，就可能会在该情境和焦虑情绪之间建立很强的关联。自此以后，身处这一情境、靠近这一情境甚至想到这一情境都会自然而然地引发焦虑，情境和强烈焦虑反应之间的联系被建立起来。因为这种联系是自然而然地形成的，而且看似不在自己的掌控之中，你很可能会尽一切可能避免让自己再次身处这个情境之中。回避行为有了回报，回避行为让你免于再次经历焦虑不安。从你总是回避这一情境开始，恐惧就完全成型了。

暴露疗法

暴露疗法又称现实生活暴露疗法（real-life exposure）、实地暴露疗法（in vivo exposure）、暴露治疗（exposure treatment）或暴露法（exposure），其作用是让病人忘记之前建立的某一特定情境或事物与条件性焦虑反应之间的联系。在治疗过程中，为了正视某个恐怖情境，病人需要完成一系列活动，这一系列活动被称为“等级量表”（hierarchy），可以把病人逐级并且最终带入他们恐惧的情境中。暴露疗法包括以下两个方面：一方面，忘记恐怖情境（如演讲）和恐惧反应之间的联系；另一方面，与原恐怖情境建立新的联系，让病人对该情境感到平静、自信。

恐惧都是依附于某个具体情境而存在的，因为这个情境被赋予了非现实的、令人不安的危险意义。在逐级递进面对恐怖情境的过程中，恐怖情境渐渐回归正常，最终不再让人感到恐惧。

冒险

如果现实生活暴露疗法这么有效，为什么周围还会有那么多患恐惧症的人呢？疗效这么好的治疗方法为什么不能让所有人受益？答案非常简单。尽管非常有效，暴露疗法不是一个非常轻松、舒服的过程，不是所有人都愿意忍受面对恐怖情境时的不快，也不是所有人都愿意坚持经常面对这种不快。暴露疗法需要全身心地付出，如果真的愿意为了恢复健康努力付出，你应该：

- 愿意冒险，勇敢面对可能已经回避多年的情境。
- 愿意忍受进入恐怖情境时最初的不适，即使是以少量递增的方式面对恐怖情境也常会产生不适。
- 愿意坚持进行暴露练习，尽管会有挫折，但仍然愿意坚持足够长的时间，让自己可以完全恢复。这个过程通常需要数周至一年甚至更久的时间。

如果不管需要多久都可以坚持暴露疗法，你一定可以克服恐惧，彻底恢复。

应对暴露和完全暴露

暴露过程大致可以分为应对暴露和完全暴露两个阶段。在应对暴露阶段，病人需要借助各种辅助手段帮助自己开始暴露治疗并顺利完成治疗最初的几个步骤。辅助手段包括陪同治疗的人（称为“支持者”）、小剂量镇静剂、练习腹式深呼吸或者练习积极应对陈述（可参见本书第 9 章的应对陈述列表）。完成等级量表（针对恐怖情境设计，根据焦虑等级程度由小到大排列的一系列活动）中的初级步骤之后，病人需要逐渐摆脱对这些应对策略的依赖。

应对暴露之后的第二个阶段是完全暴露。完全暴露的意思是病人不依靠辅助手段或应对策略直接进入恐怖情境。完全暴露是必须的，因为这个过程让病人明白他们可以在任何情况下应对之前一直回避的情境，从知道“只要服用药物我就能做到开车上高速公路”到明白“不管是不是感到焦虑，不管是不是有药物帮助缓解焦虑，我都可以做到开车上高速公路”。完全暴露让病人可以完全控制之前的恐怖情境。

在不依赖支持者或药物等应对策略的情况下，完全暴露是克服恐惧最快速、最有效率的方法。一些人非常勇敢地进行完全暴露，如完全不借助应对策略独自待在家中、走到高处、开车去本地超市。其他人更喜欢较为温和的方法，他们利用应对策略帮助自己开始暴露疗法并且顺利完成初期阶段的治疗。在进行治疗的过程中，他们渐渐摆脱对应对策略的依赖，以便能完全掌控之前令自己恐惧的情境。

处理恐惧的两种方法：简单应对和完全控制

对应“应对暴露”和“完全暴露”有两种处理恐惧的方法，即简单应对和完全控制。完全控制恐惧，如飞行恐惧、电梯恐惧、驾车恐惧，无疑是最理想的。但在实际操作中，一些人选择简单应对，即借助自己需要的辅助手段成功面对恐怖情境。这些人的目的只是应对让他们感到恐惧的情境，而不是完全掌控这个情境。

对于很多患恐惧症的人来说，在没有支持者帮助或者药物辅助的情况下最终成功通过恐怖情境的考验是一项非常重大的成就。但实际上，在放弃辅助手段的意愿方面，人们表现出了非常大的差异。通常，选择简单应对还是完全控制，关键要看必须面对某一情境的频率有多高。如果你需要频繁应对某个情况，如为了节省大量上下班时间需要每天开车上高速公路，你很可能把目标定为完全控制。经过连续数周、数月，每天一遍又一遍地暴露，实现无须借助应对策略完全控制恐怖情境的可能性会更大。但是对于你很少需要面对的情境，情况则不同。如果很少需要坐飞机或做报告，那么能够依赖必要手段应对这些情境对你而言可能就足够了（虽然有些人还会花更长的时间试图实现完全控制）。

牢记自己的目标

暴露疗法的目的是让人可以自在地面对之前一直回避的情境。不管目标是简单应对还是完全控制，请牢记自己努力的方向。不管之前回避的情境是什么，是坐飞机旅行、在一群人面前讲话还是开一个小时的车离家去别处，你的目标是能够舒服自在地应对这些情况或者应对这些情况时只感到极其微小的焦虑。当你做到这一点，你就完成了暴露，达成了目标。

建立等级量表

暴露疗法需要建立等级量表，该等级量表由一系列步骤组成，这些步骤让人逐渐接近自己恐惧的情境。你可以把等级量表看成一个刻度尺，第一步最多产生轻微焦虑，最后一步产生强烈焦虑。暴露的特性是，有时从一步过渡到下一步非常困难。

参照下面的例子，在纸上写下自己的等级量表。开始时的步骤要简单，只会引起轻微焦虑，之后焦虑等级程度逐级递增，最后一步如果可以做到就能完全康复、彻底摆脱恐惧。建立的等级量表包括“应对暴露”和“完全暴露”两个阶段，每个阶段都应该包含 5 ~ 10 个步骤，困难程度逐级递增。开始面对恐怖情境时情境的内容要相对容易，引起恐怖或焦虑程度较轻微，完全暴露等级量表的最后一步应该就是你的目标。

暴露疗法意味着要在现实生活中实施应对暴露和完全暴露等级量表包含的每个步骤。练习每一步，等到焦虑感降到轻微至中等程度，开始进行下一步练习。同样，坚持练习，直到焦虑感减轻至自己感觉可以轻松应对为止。偶尔可能会发现很难完成某一个步骤，例如你能应对第9步，但面对第10步时变得非常焦虑。这种情况下，需要增加一个过渡步骤（“第9.5步”），在原来的两个步骤之间起桥梁作用。

在等级量表的每一步旁边注明完成日期。完成第一个目标（如克服飞行恐惧症）的应对暴露和完全暴露的所有步骤之后，为第二个目标（如克服电梯恐惧症）制订等级量表，以此类推。

等级量表：克服电梯恐惧症和飞行恐惧症二例

电梯恐惧症

应对暴露

1. 看着电梯上上下下。
2. 和支持者一起站在静止的电梯里。
3. 和支持者一起乘电梯上或者下一层楼，然后上或者下两层楼。
4. 独自站在静止的电梯里。
5. 独自乘电梯上一层楼或者下一层楼，让支持者等在到达那层的电梯门口。
6. 和支持者一起乘电梯上或者下两至三层楼。
7. 独自乘电梯上或者下两至三层楼，让支持者等在到达那层的电梯门口。

完全暴露

1. 独自乘电梯上或者下一层楼，让支持者在楼外的汽车里等你。
2. 独自乘电梯上或者下一层楼，没有支持者在身边。换句话说，没有支持者，独自参加暴露治疗。
3. 没有支持者，独自乘电梯上或者下两至三层楼。
4. 在没有支持者的情况下，逐渐增加乘电梯上楼的楼层数，直到可以到达五层楼楼房至十层楼楼房的顶层。
5. 在没有支持者的情况下，逐渐增加乘电梯上楼的楼层数，直到可以到达20层楼楼房至30层楼楼房的顶层或者到达本市最高楼的顶层。每天练习可以加快进步的速度。
6. 独自到高度不同的两栋楼房乘电梯。
7. 独自到本市或邻市各种不同楼房乘电梯。

飞行恐惧症

注意事项：以下应对暴露活动需要乘飞机短途旅行，在进行这些活动之前，最好在机场做一些不坐飞机的预备性应对暴露活动。可以独自去机场，也可以在支持者的陪同下去机场。到机场后熟悉可以进入的所有场所，如停车场、机场大厅、售票柜台和安检口等。这样，在真正乘飞机旅行那天之前就已经可以让自己习惯机场的环境了。如果在熟悉机场的过程中感到非常焦虑，最好再来一次，直到焦虑感降至最低。

应对暴露

（应对暴露可以独自完成，也可以在支持者的协助下完成，支持者可以在暴露过程的每一步给予鼓励和增强信心的话语。）

1. 开车靠近机场，绕着机场行驶。
2. 把车停在停车场，逗留 5 ~ 10 分钟。
3. 进入机场航站楼，四处走 5 分钟。
4. 在值机柜台或自动售票机上购买一张短途机票。
5. 去安检口，在安检口排队 5 分钟。
6. 通过安检口，走到远处的登机口。
7. 乘飞机短途旅行，飞行时间不要超过半小时。第一次飞行时借助支持者、腹式呼吸、应对陈述和（或）小剂量镇静剂等应对策略。
8. 增加飞行时间，时间为不少于 1 小时，借助步骤

7 中的应对策略。虽然飞行时间变长，但试着少用一些应对策略。

完全暴露

（完全暴露不能有支持者在场。如果有人和你在一起，这个人只能与你有一般互动，不能提供类似应对暴露活动中的协助。）

1. 如果觉得需要额外的暴露活动习惯机场环境，待在本地最大的机场，直到能轻松自在地站在安检口排队（如上面“应对暴露”中的第 1 步至第 5 步）。
2. 乘飞机短途旅行，如果可以，飞行时间不要超过半小时。不要依靠任何应对策略，如支持者、药物。
3. 增加飞行时间，如果可以，飞行时间控制在 1 ~ 2 小时。不要依靠任何应对策略。可以看杂志或者看窗外，以免感到无聊，但不要借此逃避或减少暴露体验。做到这一点可以加快克服飞行恐惧症的进程。
4. 安排一次 4 ~ 5 小时的长途飞行或者安排一次洲际飞行，克制自己不去使用应对策略。

5. 安排一次需要中途停留的长途飞机旅行，整个行程至少包含两段，克制自己不去使用应对策略。
6. 乘飞机去一个以前从未去过的地方，不使用应对策略。

暴露的基本程序

下面两个步骤详细说明了如何进行暴露练习。

1. 进入并忍受恐怖情境。进入让你感到恐惧的情境，开始等级量表的第一步，或者接着上次的进度继续练习。继续进入恐怖情境，即使焦虑开始让你感到有些不适也要待在那里。如果你感觉焦虑是可控的，非常好。待在让自己感到恐惧的情境里，忍受焦虑。即使这个情境让你感到不舒服，但只要焦虑没有达到让你感觉不可控或失控的程度，就要坚持。让时间流逝。在早期的应对暴露阶段，练习我们第 1 章介绍的腹式呼吸可能会有所帮助，用腹部呼吸可以帮助舒缓暴露过程中出现的部分焦虑情绪。另外，也可以练习第 9 章中列出的相关应对陈述，帮助自己保持继续下去的信心。在后期的完全暴露阶段，应该克制自己不去使用应对方法，避免对应对方法产生过度依赖。第二阶段是完全暴露阶段，可以让人完全控制自己的恐惧。在这个阶段，尽量待在暴露情境中，不要离开。米歇尔·克拉斯克（Michelle Craske）等人的研究发现，暴露过程中人们忍受焦虑的意愿实际上可以带来更好的治疗效果，同时可以加快效果产生的速度。你可以待在之前一直回避的情境中，这种认知可以增强你的信心，让你继续按照等级量表的内容推进暴露治疗。

2. 继续按照等级量表一步步推进。按等级量表的内容一步步完成。如果必须先终止然后重新回到某一步骤，没问题。在当天的暴露练习时间内按照暴露等级量表的内容逐步推进即可。如果焦虑症状出现，接纳它们，尽量忍受这些症状直到它们消失。如果表现不如最初，不要责怪自己，这是正常现象，一两天之后你会发现又可以继续前进了。暴露等级量表中的步骤自己感觉一次能完成多少就完成多少，这些构成了你一次暴露练习的内容，通常一次练习需要30分钟至一两个小时。

一般来说，相对于每次较短时间的练习，较

长时间的练习可以更快地产生效果，但是要根据个人情况按照自己的节奏进行。每天练习一次，每周练习 3～5 天。对于大多数人来说，这样的练习量就足够了。要知道，每次练习进展的情况都是不同的。有时会有非常良好的进展，完成暴露等级量表中的好几个步骤，有时必须重复同一个步骤若干次，有时可能完全没有进展，还有些时候进展的速度不像前几天那么快。某个星期一，你可能多年来第一次一个人在食杂店里待了 5 分钟。星期二，你又在食杂店待了 5 分钟，但也只是 5 分钟。星期三，你根本没有办法走进食杂店。但是到了星期四或星期五，你发现自己已经可以在食杂店里待满 10 分钟了。这种起起落落、进两步退一步的现象在暴露治疗中是非常常见的。不要因此而灰心丧气！

应对暴露阶段如果感到惊恐怎么办

一些焦虑问题专家建议，不管焦虑水平升到何种程度，即使是到了惊恐的地步，也要坚持暴露在恐怖情境之中。这种做法的问题是，如果焦虑水平真的在暴露过程中达到了惊恐发作的程度，可能会让人再次对该情境变得敏感，加深对该情境的恐惧，在早期的应对暴露阶段尤其如此。虽然我们说要尽量忍受暴露带来的不适，但是在惊恐发作即将全面爆发的情况下，最好还是可以有一种“退出策略”。如果突然感觉要出现惊恐发作，可以考虑暂时离开恐怖情境，在焦虑情绪平复到可控的程度时再尽快回到恐怖情境中。

离开恐怖情境是一种“退出策略”，只有在感到焦虑情绪即将失控时才可以使用。最好努力待在恐怖情境中，接受并忍耐因此感到的不适，等待焦虑感过去。但如果感觉忍受不了，感觉就要惊恐发作，可以先暂时离开，然后再尽快回到恐怖情境中。很多情况下，离开是很容易做到的。如果是在高速公路上行驶，可以在应急车道临时停靠或者在下一个出口驶离高速公路。如果是在餐厅就餐，可以离开餐桌去卫生间然后再返回。如果在飞机上，虽然不能下飞机，但可以利用引导式内观的录音（参见本书第 2 章）在脑海中退到安全的地方，或者起身走到飞机的卫生间。记住，离开恐怖情境与回避恐怖情境不同，前者的重点是暂时离开，强调继而返回。

在完全暴露阶段，人对恐怖情境通常已经非常适应，惊恐发作的可能性很低。如果在极少数情况下出现惊恐发作的征兆，可以选择暂时停止暴露，给自己几分钟时间恢复，但是不要放弃。待平静下来后，完成本次暴露练习，而且最好之后一两天再重复一次同一情境的暴露。

充分利用暴露疗法

以下练习指南的目的是帮助你在现实生活中使用暴露疗法时获得最佳效果。

1. 甘愿冒险。进入长期以来一直回避的恐怖情境会让人感到危险，但是不承担危险就不可能正视恐惧、恢复健康。如果开始时设置少数几个简单的目标，随后由浅入深逐级推进，冒险会容易一些。建立等级量表可以让你循序渐进地向着控制恐惧的目标前进。
2. 应对抵触情绪。采用暴露疗法面对一直回避的恐怖情境会让人产生抵触。要注意是否有推迟暴露练习时间或者找理由拖延的情况出现，是否会只要想到要进入恐怖情境就产生强烈的焦虑，产生担心被困的恐惧，或者说出一些“我永远都做不到”“这绝对没希望”这样自暴自弃的话。不要陷在抵触情绪中，试着把暴露过程看成是一个重要的治疗机会。投入其中，你就可以重新认识自己，走出长期的、妨碍正常生活的回避行为模式。对自己说些鼓励的话，告诉自己不再受恐惧症折磨之后生活和人际关系将得到怎样的改善。想一想是不是有哪些不易察觉的情况强化了你的抵触心理，例如出门在外时配偶或伴侣总是替你开车，或宁愿多花很多的时间坐火车也不去机场坐飞机。一旦克服了最初对在现实生活中实践暴露疗法的抵触，事情就会变得简单。如果感觉在某个地方无法克服抵触，可以向熟悉暴露疗法的治疗师咨询。

3. 愿意忍受一定程度的不适。面对长期回避的情境不是一件让人舒服或愉快的事。在进行暴露练习的过程中感觉到一定程度的焦虑是不可避免的。应该意识到，感觉更糟并不代表退步，而是暴露治疗在起作用，感觉更糟其实是在为感觉更好打基础。当你能够更加得心应手地处理暴露过程中出现的焦虑症状，暴露练习也会变得更加容易，你也会更加充满信心。

4. 最大限度地降低焦虑泛滥的次数——如果有必要可以暂时离开恐怖情境。“焦虑泛滥”是指暴露过程中焦虑感上升到无法忍受或失控的状态，在暴露治疗的早期偶有发生。希望你没有经历过焦虑泛滥，但是最好还是准备一些方法，情况一旦发生可以加以应对。例如，在早期的应对暴露阶段，如果焦虑突然变得难以控制并且有发展为惊恐发作的趋势，可以选择先暂时离开恐怖情境然后再回到恐怖情境中的做法。虽然忍受令人不适的焦虑可以加快暴露治疗的进程，但经历惊恐发作也可能会让人走回到老路。因此，在感觉焦虑即将泛滥并且有向惊恐发展的趋势时，在感觉必要的时候，还是要考虑先暂时离开恐怖情境然后再尽快回到恐怖情境中。这在应对暴露阶段初期最为重要。在之后的完全暴露阶段则需要尽量待在恐怖情境中，不要离开。当然，在紧急情况下总是可以选择先离开再返回，如开车时遇到交通拥堵，或突然感到头晕并出现人格解体的感觉，这时就不能再继续开车。不过，最好还是在暴露治疗早期使用退出策略，在完全暴露阶段尽量减少或者完全避免使用这个方法。在完全暴露阶段，忍受焦虑的意愿是完全控制恐惧的保证。

5. 借助支持者的帮助。在早期的应对暴露阶段，配偶、伴侣、朋友、能给予帮助的专业人士等自己信任的人陪伴自己进入恐怖情境是非常有帮助的。支持者可以帮你消除恐惧和疑虑，给你安全感，可以与你交谈，给你安慰，可以鼓励你继续坚持，表扬你逐渐取得的进步。

   但是，支持者不能催促逼迫，而是应该鼓励你进入恐怖情境而不要逃跑。暴露强度由你来决定，同时你也要尽自己的全力忍受身处恐怖情境时的焦虑直到焦虑消失。支持者不应该批评你的任何尝试，也不应该要求你更努力一些。但如果支持者能发现你身上的抵触，帮助你看清是否存在抵触，那是非常好的。支持者的主要责任是不加评判地给予鼓励和支持。

   支持者在暴露治疗的开始阶段通常非常有帮助，但是为了能完全控制恐惧，你最终需要离开支持者独自面对恐怖情境。离开支持者可以让你增强信心，相信自己可以在任何情况下应对这种情境。

6. 在早期应对暴露阶段利用应对策略开始暴露治疗。如果在开始暴露治疗时不使用任何应对策略，包括不需要支持者陪同，可以加快治疗的进程。如果需要使用应对策略，有很多这样的策略可以帮助你开始，并且帮助你顺利完成等级量表中的最初几个步骤，为你提供继续进行暴露治疗的信心。可以使用的应对策略包括：

- 做腹式深呼吸。
- 借助应对陈述帮助自己做好准备面对恐惧（参见本书第9章应对陈述相关实例）。
- 找一名支持者陪同（见前文）。
- 对焦虑发怒。
- 在专业医师指导下服用小剂量镇静剂。

要想完全控制恐惧症，需要在按照等级量表逐级推进暴露治疗的过程中慢慢摆脱对这些应对策略的依赖。如前文所述，这些方法会在不经意间加深你对恐怖情境的恐惧，你可能会有意或无意地告诉自己“只有有这些安全拐杖在，我才能应对恐怖情境”。当你可以不再借助支持者、药物、手机或者其他给你带来安全感的物品时，你就完全控制住了恐惧症。

7. 第一次进行暴露治疗时做好应急预案。譬如，你正在电梯里进行暴露练习，最糟糕的情况发生了，电梯停在了两层楼之间。又譬如，你在高速公路上行驶，在离下一个出口距离还很远的时候突然开始感到惊恐。尤其在治疗开始时，即应对暴露阶段，最好能做好应急预案，以应对这些最糟的情况。拿第一个例子来说，你要确保在应急电话可以正常使用的电梯内进行暴露练习，给自己多一些保障。如果是在高速公路上进行暴露练习，事先告诉自己如果发生意外在应急车道停下或者打开危险报警闪光灯，慢慢行驶直到下一个出口就没事了。在克服飞行恐惧症的应对暴露阶段，可以准备一套可随时使用的“应急措施”，如和空乘人员交谈、起身走到卫生间、戴着耳机听音乐、服用药物等。同样，在第二阶段，即完全暴露阶段，要完全避免这些措施，这样做的目的是让你自己明白，在不使用任何辅助手段或者应对策略减轻焦虑的情况下你可以完全应对恐怖情境。

8. 提前规划暴露练习的进度。刚开始暴露疗法时，你可能倾向于在自己愿意做的时候才进行暴露练习。这种做法当然可以帮助你开始面对长期以来一直回避的情境。但是，如果暴露疗法已经开始，最好提前规划，努力在“适合的”和“不适合的”日子都进行暴露练习。如果等着好日子才练习，那很可能会一拖再拖，这肯定会拖延治疗的进度。虽然有计划的暴露练习会让你产生更多的预期性焦虑，但是这种焦虑会随着暴露练习取得进展而逐渐减退。

9. 相信自己的节奏。不要把在现实生活中采用暴露疗法看成是一场竞赛，这非常重要。接受暴露疗法的目的不是看自己能以多快的速度克服恐惧，给自己施加压力快速取得巨大进步通常也不是好办法。事实上，如果操之过急，尚未完全适应初级暴露练习就尝试高级暴露练习，有可能让自己再次对恐怖情境变得敏感。确定暴露于困难情境时自己想要的速度，让自己明白练习过程中小小的收获都意义重大。

10. 放弃完全掌控的需要。让自己明白一个事实，即有些事情是你可以控制的，但有些事情是你不能控制的。如果你是司机，你可以控制汽车，但如果你是公共汽车或者飞机上的乘客，你必须放弃控制。你可以控制把车开多远，但你无法控制交通状况，无法控制商店里排队的人，无法控制电梯的运行方式。在应对暴露阶段，可以借助腹式呼吸或者“让它去吧，要相信人家”“我能尽力做好”等应对陈述帮助自己接受不能完全控制的情境和身体症状。但如前文多次所说，在完全暴露阶段需要彻底停止使用这些方法。

11. 奖励自己取得的小进步。接受在现实生活中采用暴露疗法的人因为不能快速取得进步而苛责自己的情况并不少见。记住，为自己取得的小进步不断奖励自己是非常重要的。例如，如果与昨天相比今天可以进入更进一步的恐怖情境，就值得给自己一个奖励，如去冰淇淋店吃冰淇淋、为自己的花园买一棵新的植物，或出去好好吃一顿。能够在恐怖情境中多待一会儿或者能够多忍耐一会儿也都值得奖励。奖励自己取得的小进步可以帮助维持继续坚持暴露练习的动力。

12. 经常练习。要有条不紊地经常练习，不要匆匆忙忙地练习或者逼迫自己练习。有条不紊地经常练习可以最大程度地加快康复的速度。最理想的情况是在可能的情况下每周进行实体暴露练习 3 ~ 5 天。1 小时或 1 小时以上较长时间的练习，多次尝试暴露在恐怖情境中，通常比较短时间的练习更快产生效果。只要在恐怖情境中还要忍受焦虑（早期应对暴露阶段只在必要时暂时离开恐怖情境再返回），就不可能在一次练习中进行过多的暴露。最糟糕的情况是完成当天练习时感到疲倦或者精疲力竭。练习的规律性决定康复的速度。如果没有做到经常练习，看看自己找了什么借口，坐下来和其他人一起研究这些借口，对应它们找些理由，下次这些借口出现时用这些理由反驳这些借口。经常进行暴露练习是彻底持久康复的关键。

13. 预想可能遭遇的挫折，知道如何对待挫折。对一些人来说，按照等级量表的内容逐级进行暴露治疗并不总是一帆风顺的直线过程。可能会有“顺利”的日子和“不顺利”的日子。所谓挫折，就是尽管尽了全力而且花费了更多的时间，但是某一天你突然发现自己不能取得和前一天一样大的进步。如果遭遇挫折，不要因此灰心丧气。挫折只是暂时的，第二天还要继续按部就班地进行练习。

例如，有一天你可以开车到离家 3 英里[㊀]的商店，但第二天不管多么努力、花多少时间都只能开车到离家 2 英里的商店。同样地，有一天你能够独自待在家里 6 小时，但第二天 3 小时后你就开始感到惊恐，你离开家又返回，但结果发现还是感到惊恐，不管怎么做似乎都没有办法摆脱。在应对暴露阶段，遭遇短暂挫折时要学会接受，不要让自己因此灰心丧气、丧失信心，第二天要继续练习。如果开始频繁遭遇

㊀ 1英里 =1. 6093 千米，下同。

挫折，可以与有治疗焦虑症和恐惧症经验的治疗师谈一谈。完全暴露阶段的目标是每次练习在不过度疲劳的情况下尽全力做到最好，这个阶段如果又不可避免地遭遇某种挫折，还是要和有丰富恐惧症治疗经验和熟悉暴露疗法的治疗师进行交流。

14. 准备好体验更强烈的情绪。面对长期回避的恐怖情境常常会激起被压抑的情绪，不只是焦虑，还有愤怒和悲伤。要认识到，这是正常现象，也是可以预见的康复过程的一部分。允许这些情绪浮现，允许自己表现出这些情绪。让自己明白，尽管这些情绪让你感到不舒服，但是出现这些情绪是可以接受的。克服恐惧症恢复健康的一个重要内容是学会接受、表现和表达情绪。

15. 坚持到底，完成治疗。完成暴露疗法意味着在任何以前对你构成难题的情境中不再担心惊恐发作。当然，这不包括每个人都会害怕的特殊情境。一般来说，康复过程少则需要一个月，多则需要一年或者更长时间。多数情境可以轻松自在地面对但对一两种情境仍感到恐惧，这种状态是不够的。要彻底摆脱恐惧症，需要坚持努力，直到可以做到：①进入非恐惧症患者认为安全的任何情境；②认为惊恐反应是可以控制的，一点都不危险。

保持正确的心态

以正确的心态面对恐怖情境和学会具体的暴露策略同样重要，甚至更加重要。如果一开始就拥有正确的心态，学习使用适当的方法会变得更加容易。对于提高有效面对和克服恐惧的能力，下面提到的这五种心态尤其重要。

接受焦虑引起的身体症状

在暴露治疗中克制自己，不抵抗、不逃避焦虑。抵抗面对困难时因焦虑而出现的身体症状会让症状更加严重，试图否认或逃避症状也会让症状更加严重。接受焦虑引起的身体症状是焦虑出现时首先要做的事，不管这个焦虑是在自然状态下产生的还是在恐怖情境中产生的。

接受是一种可以学习和培养的态度。

活在当下

焦虑开始时只是一些身体反应，之后会因为“如果……该怎么办”或其他灾难化思维进一步加重。越是能让自己活在当下，就越不会陷在消极的想法里而不能自拔。在应对暴露阶段，腹式呼吸是一种让自己专注于当下的好方法，因为呼吸会让你专注于身体而不是念头。另一种有效的方法是在呼吸的时候把注意力集中于自己的四肢，把注意力集中于四肢就不会让自己困在消极的思想里。

在早期应对暴露阶段，如果有必要，还是要依靠腹式呼吸，但到了完全控制阶段，要停止使用腹式呼吸法以及其他应对策略。

明白恐惧总会过去

没有任何焦虑状态会永远存在，焦虑总会过去。人体会在 5 ~ 10 分钟内将多余的肾上腺素代谢掉，因此最糟糕的惊恐体验通常也不会超过 5 ~ 10 分钟。如果增加的焦虑感程度较轻，持续的时间可能会比这更久一点，但最终也会过去。不管你在心中构建的危险是什么，迟早都会消失不见，这是因为你的注意力会转移到其他事物上，不会一直关注产生焦虑的事物。

如果在某个情境中感到焦虑，你已经开始体验暴露了

面对自己恐惧的事情时，人们总会不可避免地感到焦虑。不要让更多焦虑的想法放大焦虑情绪，换一种心态改变对焦虑的看法，如“焦虑是好事，这说明我已经在体验暴露”，或者你也可以告诉自己“我需要焦虑，不感到焦虑我就不可能完成在该情境中的暴露”。确实，要克服对某个恐怖情境的焦虑，首先必须在这个情境中感到焦虑。明白这个道理后，会更容易面对恐惧。每次焦虑复现时，都可以充满信心地告诉自己在克服焦虑的道路上又前进了一步。

坚持练习，暴露疗法总会有效

没有什么恐惧是不能通过反复暴露克服的。如果愿意坚持不懈一遍又一遍地面对自己恐惧的事物，暴露疗法总能打败恐惧。人之所以焦虑，是因为面对不

完全知晓的事物时预设可怕的结果。一旦完全了解或者熟悉这件事，这件事就不会再引起恐惧，无一例外。坚持练习，暴露疗法总会有效。认识到这个事实会给你坚持面对恐惧的勇气，无论一开始这个挑战看起来有多么困难。

想象暴露疗法

最早的恐惧症治疗法是由南非精神病专家沃尔普（Wolpe）于20世纪50年代提出的，治疗程序包括利用心理意象，通过想象逐级暴露于恐惧之中。沃尔普称这个治疗过程为“意象脱敏疗法”，并且在这个方面取得了一些成功。20世纪70年代，焦虑症研究领域从意象脱敏疗法转向“真实生活脱敏疗法”。真实生活脱敏疗法通常简称为“暴露疗法”，即在真实生活情境中面对恐惧。有些类型的恐惧在现实生活中很难面对，因为并不是经常有机会直接暴露于相关情境，如雷暴或洲际飞行。在这种情况下，现在通常使用“影像暴露疗法”（如观看闪电和雷暴录像）或利用高科技重现情境的“虚拟现实暴露疗法”，而不是传统的意象脱敏疗法。

有些时候，你可能会发现，在实体暴露，直接面对恐怖情境之前先想象进入恐怖情境颇为有效，这其实是在你直接面对恐怖情境之前提供了一种较为温和的方法来初步面对恐怖情境。

想象暴露疗法的原理

进行想象暴露疗法前，首先选择一个想要克服的恐怖情境，如飞行，然后建立等级量表。想象自己要应对的恐怖或焦虑等级很低的相关情境，面对这类情境几乎不会让你焦虑不安。可以想象一种情况，在这种情况下你不需要在空间或时间上完全暴露在自己恐惧的情境中，如想象自己在机场前停车但没有进入机场，或者想象距离乘飞机旅行还有一个月时自己的心情。也可以降低难度，想象有支持者陪在自己身边。尝试用这些方法构建一个焦虑程度轻微的情况，以此作为等级量表的第一步，把这一步的具体场景写出来。

接下来，想象恐怖或焦虑等级最高或者挑战性最大的相关情境，并以此作为暴露等级量表的最高级别。仍以飞行情境为例，最后这一步可以是乘坐洲际航班而且（或者）在飞行途中遭遇强气流。同样，把最难这一步的场景详细地写下来。

现在，花些时间想象出至少八个与恐惧之事相关的情境，根据可能引起的焦虑程度将这些情境分级。与飞行恐惧相关的情境可能包括下列内容，前面的情境属于等级量表的较低级，即这些情境引起的焦虑程度较轻，后面的情境通常属于等级量表的较高级。

- 在搭飞机的当天抵达机场。
- 托运行李。
- 接受安检。
- 在登机口等待。
- 登机。
- 找到自己的座位。
- 坐好，系上安全带。
- 听到空乘人员在飞机起飞前关闭机舱门——这对很多人来说可能是最困难的。
- 飞机在跑道上滑行。
- 飞机在跑道上加速，准备起飞。
- 感觉飞机飞离地面。
- 飞机上升至巡航高度，你系着安全带坐在座位上。

（如果你认为飞机着陆比飞机起飞更令人担心，下面的内容才是必要的。）

- 听到空乘人员宣布飞机准备着陆。
- 听到飞机接近地面准备着陆时放下起落架。
- 感觉飞机着陆瞬间轮子接触跑道时因冲击力而导致的颠簸感。

如果你有最终在现实生活中面对恐惧的打算，在描述情境时最好尽量接近生活中的真实情况。把这些情境按照升序排列在已经确定好的最低和最高等级之间。和前面一样，尽可能详细地写出每一个情境的具体内容。

详细写出情境的内容实际上也是一种温和的暴露方式。在进行想象暴露疗法之前，先放松10分钟左右。可以通过使用渐进式肌肉放松法或引导式内观让自己放松（详见本书第1章和第2章）。放松结束后，依次想象等级量表中的每一个情境，每个情境花1分钟左右。如果感觉焦虑，没关系，忍受焦虑，等着焦虑感消失。如果在极少的情况下感觉自己有惊恐发作的趋势，停止想象，休息一会，等感觉好些的时候再继续想象。继续按照等级量表逐步推进，把每个情境再想象一遍或几遍，直到可以轻松面对或者焦虑感降至最低。每天花 15 ~ 20 分钟时间进行想象暴露，连续想象恐怖情境，直到完成等级量表的最高一级。

欲知想象暴露疗法更详细的内容，请访问本书作者的网站，网站地址：Helpforanxiety. com。

第5章 经常运动

阅读本章后，你将了解到：

- 如何最大程度提升运动缓解焦虑的作用。
- 如何制订符合个人需要的运动计划。
- 如何对抗不运动的常见借口。

跑步、游泳助你远离恐惧

经常运动是缓解焦虑最有效的方法之一。人感到焦虑时，身体“战或逃”反应（fight-or-flight reaction）加剧，肾上腺素激增。而人体处于“战或逃”唤醒模式时，运动是一种自然宣泄情绪的途径。另外，经常运动还可以减少预期性焦虑倾向，加快各种恐惧症的恢复。

运动不只让肌肉变得更强健

经常运动会对若干引起焦虑的生理因素产生直接影响，因此可以增强人们抵抗焦虑的能力。以下是运动给人们的生理健康带来的一些好处：

- 缓解骨骼肌紧张，骨骼肌紧张是人感到紧张不安的主要原因。
- 加快血液中过量肾上腺素和甲状腺激素的新陈代谢，血液中过量的肾上腺素和甲状腺激素会让人处于唤醒、警觉状态。
- 释放压抑沮丧的情绪，压抑沮丧的情绪会加重恐惧反应。
- 增加血氧含量、改善脑供氧，让人更加机敏，提高人的注意力。
- 促进内啡肽的分泌，内啡肽是一种无论化学成分还是效果都与吗啡类似的自然物质，可以让人产生幸福感。

- 提高大脑血清素水平，血清素是重要的神经递质，血清素水平的提高有助于消除抑郁情绪和焦虑情绪。
- 降低血液pH值（增加血液酸性），提高身体的能量。
- 改善血液循环。
- 促进人体对食物的消化和吸收。
- 改善（皮肤、肺、肠道的）排泄功能。
- 降低胆固醇。
- 降低血压。
- 有助于减肥，同时降低食欲，很多案例都证明了这一点。
- 帮助低血糖症患者改善血糖调节功能。

伴随这些身体改变的还有一些心理健康方面的益处，例如：

- 增加主观幸福感。
- 降低对酒精和药物的依赖。
- 减少失眠。

- 提高注意力和记忆力。
- 减少抑郁。
- 增强自尊。
- 提高对焦虑的控制感。

实施运动计划前的准备工作

运动强度和运动量会受到身体健康状况的限制。在实施具体的运动计划之前，请先回答以下八个问题。如果任意一题的答案是“是”，请咨询医生，医生会推荐适合你个人需要的限制性或指导性运动计划。

1. 医生是否说过你有心脏病？
2. 你是否经常有心痛或胸口疼痛的情况？
3. 你是否经常感到虚弱无力或一阵阵头晕目眩？
4. 医生是否说过你有骨骼或关节疾病，（如关节炎）而且运动会让病情加重？
5. 医生是否说过你的血压过高？
6. 你有糖尿病吗？
7. 你是否已经超过 40 岁而且不习惯剧烈运动？

8. 是否有此处未提及的其他身体原因让你不宜进行身体锻炼？

如果以上各题的答案皆为“否”，那么请放心，你已经可以开始实施运动计划了。开始时要慢慢来，在几周的时间内逐渐增加运动量。如果你已经超过40岁而且不习惯运动，则实施运动计划之前要做一次体检。另外，开始时最好找人陪你一起运动。如果你有运动恐惧，逐级暴露计划可以帮助你消除恐惧，这与消除其他恐惧并无差异（参见第4章）。

优化运动缓解焦虑的效果

运动要有足够的规律性和强度，持续的时间要足够长，才能产生显著的缓解焦虑的效果。请以以下标准为目标：

- 最佳运动方式为有氧运动。
- 最佳运动频率为每周4~5次。
- 最佳运动时长为每次20~30分钟或30分钟以上。
- 有氧运动的最佳强度为至少10分钟内保持运动状态，心率为（220－年龄）×0.75。

表5-1 各年龄段有氧运动脉搏范围

年龄/岁	脉搏（心率）/(次/分)
20~29	145~164
30~39	138~156
40~49	130~148
50~59	122~140
60~69	116~132

不要每周只运动一次。无规律的突击运动对身体来说是一种压力，通常弊大于利，但健步走是个例外。

符合个人需要的运动

选择哪种运动方式取决于运动的目的。要达到缓解焦虑的目的，有氧运动通常是最有效的。有氧运动需要较大肌肉群的持续活动，可以缓解骨骼肌紧张，提高心血管健康水平，让血液循环系统更高效地为机体的细胞和组织输送氧气。经常做有氧运动，可以缓解精神压力、增强身体耐力。常见的有氧运动包括跑步、慢跑、自由泳、健身操、骑自行车和健步走等。

除了提高有氧适能，人们还可能为了其他目的而锻炼身体。如果加强肌肉力量是重点，可以在运动计划中加入举重或静力训练，但患有心脏病或心绞痛的人最好不要从事举重或健美运动。跳舞和瑜伽等包含拉伸动作的项目是锻炼肌肉柔韧性的理想方法，也是对有氧运动的最佳补充。如果你的目的是减肥，慢跑或骑单车可能是最有效的锻炼方式。如果你想排解沮丧情绪和攻击性情绪，可以尝试竞技性体育运动。如果只是想亲近大自然，远足或者种花养草则最为合适。消耗大量体力的远足活动，可以同时增强体力和耐力。

很多人发现，进行多样化的运动是非常有益的。在不同日子交替进行2～3种不同类型的运动有时被称为“交叉训练”。交叉训练通过锻炼不同的肌肉群让人达到更平衡的健康状况。广受欢迎的运动组合包括每周进行3～4次有氧运动（如慢跑、骑车），外加2次社交运动（如高尔夫球）或健美运动。运动计划中包含两种完全不同类型的运动，可以避免锻炼的过程变得枯燥无趣。

以下是一些常见有氧运动的简要介绍，每种运动都有各自的优点和不足。

跑步

多年来，跑步和慢跑一直都是最受人们喜爱的有氧运动，这可能是因为跑步方便易行。只要有一双跑鞋，迈出家门就可以开始锻炼了。跑步可以迅速消耗卡路里，是减肥的最佳运动方式之一。很多研究表明，跑步能提高内啡肽和血清素水平，有助于抑郁症的治疗。跑步还可以促进过量肾上腺素的新陈代谢、缓解骨骼肌紧张，减轻焦虑。每周 4 ~ 5 次 3 英里的慢跑（约 30 分钟）可以大大降低焦虑易感性。跑步健身需要逐步达到每 20 分钟跑 1 英里的速度。

跑步的缺点是，跑了一段时间后，受伤的风险可能会提高。尤其是，如果在坚硬的路面上跑步，会不断对关节造成冲击力，可能导致脚、膝盖或背部的一系列问题。下面的几个方法可以把跑步受伤的风险降至最低：

- 选对鞋子。穿减震效果最好的跑鞋，可最大限度地降低跑步对关节的冲击力。
- 在较软的路面上跑步。最好在草地、泥土地、橡胶跑道或表面硬实的沙滩上跑步，应尽量避免在水泥路上跑步。如果有好的跑鞋，可以在柏油路上跑步锻炼，但不要每天跑。

- 跑步前做热身运动。试着慢跑一两分钟。
- 慢跑和其他运动交替进行，不要天天都慢跑。

如果由于天气不好、找不到适合的路面、有雾霾或交通问题等原因不能在户外跑步，可以考虑花钱购买一台自动跑步机。为了不让跑步运动单调乏味，可以把跑步机放置在电视机前。

游泳

游泳需要用到全身上下不同部位的肌肉，是一项非常好的运动。因为游泳对关节的冲击最小，医生通常建议有肌肉式骨骼问题、有伤或者患有关节炎的人游泳。游泳的减肥效果不如跑步，但可以帮助强身健体。

为了达到有氧运动的效果，最好的泳姿是自由泳，每次游20～30分钟，每周游4～5次。要做中等强度的放松式运动，蛙泳是一个不错的选择。通常来说，最好在水温为75～80华氏度（23～26摄氏度）的游泳池中游泳。

游泳最大的弊端是很多游泳池大量使用氯给池水消毒，这可能会刺激眼睛、皮肤、头发和上呼吸道黏膜。

戴游泳镜和使用鼻夹可以在一定程度上解决这个问题。如果条件允许的话，还可以挑选使用过氧化氢或臭氧消毒的游泳池。如果游泳池是使用氯消毒的，最好在游泳之后淋浴，用肥皂清洗全身。

骑自行车

近些年来，骑自行车已经成为一项非常受欢迎的有氧运动。骑车的好处与慢跑基本相同，但对关节的伤害相对较小。要达到有氧运动的目的，骑车运动需要达到一定强度，大约需要在水平路面上达到每小时骑行至少 15 英里的速度（约合 24 千米）。天气好的时候，骑自行车会令人感到心情愉悦。如果四周风景宜人又没有什么车辆，或者有专门的自行车道，情况就更是如此。因天气原因无法骑自行车的时候，你需要一台室内健身车。如果条件允许，还可以把健身车摆放在电视机前。

如果想在室外骑车锻炼，首先需要买一辆质量好的自行车。准备好花钱购买自行车以前，也可以先借别人的车。请确保所购买的自行车款式和型号适合自己的身型，否则会带来问题。选购舒适的自行车坐垫是非常值得的。

选择骑自行车锻炼时，要给自己几个月的时间逐步达到每小时 15 英里的骑行速度。也就是说，要逐步做到每 4 分钟骑行 1 英里。每周骑 3 ~ 5 次，每次骑行 1 小时已经足够。切记要戴头盔。另外，要尽量避免夜间骑车锻炼。

有氧健身操课程

多数有氧健身操课程都分为热身拉伸练习和教练带领做操两个部分，两部分的内容通常是跟随音乐节奏进行的。健身操课程一般由健身俱乐部提供，分为初、中、高级。有些健身操可能会给关节造成损伤，所以要尽量选择“低冲击力”的有氧健身操课程。精心编排的有氧操课程可能是激励你运动的绝佳方式。如果你自主性很强而且喜欢待在家里，也有很多不错的有氧操光碟可供选择。

决定做有氧健身操后，一定要买一双好鞋。这双鞋要具有良好的稳定性和减震性，可以把扭伤风险降到最低。如果条件允许，最好在木地板上做有氧健身操，地上不要铺厚地毯。包括热身在内，每次练习 45 ~ 60 分钟，每周练习 3 ~ 5 次即可。

健步走

健步走的优势要超过其他所有的运动形式。首先，它不需要训练，你已经知道该如何做了。其次，除了鞋以外，健步走不需要任何装备，而且几乎可以在任何地方进行，甚至在购物中心都可以。健步走受伤的可能性也比其他类型的运动小。最后，健步走是最自然的运动方式，我们所有人都喜欢健步走。在人们开始习惯久坐、不爱运动之前，健步走一直是生活习惯的一部分。

为了放松和分散注意力而散步是一回事，为了达到有氧健身的目的而健步走是另一回事。要让健步走成为有氧运动，需要以轻快的步伐在 1 小时左右的时间内走完 3 英里，20 ~ 30 分钟通常是达不到有氧健身效果的。如果以健步走作为自己经常性的运动方式，每周要走 4 ~5 次，最好选择在户外。如果感觉 1 小时的健步走还不够，可以尝试手握哑铃或者到山地健步走。在室内跑步机上也可以进行有氧健步走。

想要从健步走运动中获得最大收益，正确的姿势至关重要。行走时让手臂随着步幅在身体两侧自然摆动，将有助于协调大脑的左、右半球。除此之外，好的健步鞋也非常重要。好的健步鞋要有气垫、合适的足弓，要给足跟牢固的支撑。

如果已经能够轻松地走完三四英里而不停歇，可以考虑花一天或一天一夜的时间去户外特定景区徒步旅行。户外徒步旅行不但可以让身体恢复活力，而且可以让心灵焕发新生。

从运动中获得乐趣

运动应该是有趣而且令人愉快的。为了坚持下去，从一开始就让运动趣味盎然是非常重要的。如果不是受到限制必须待在室内，尽量到户外运动，最好是去公园或者乡村这种景色宜人的自然环境。如果进行的是游泳、骑车、慢跑等单人运动，看看是否可以找个同伴和你一起去。如果因为个人问题或者气候原因必须在室内运动，可在骑健身车或者在跑步机上跑步的同时听听音乐、看看节目。事实上，有些人会选择在这个时候学习外语。

停止找借口

你是否发现为了找借口不去运动，自己的创造力会急剧上升？如果是，并非只有你一个人这样。但这并不代表你应该在借口面前妥协，让借口消磨你锻炼的决心。下面是一些常见的逃避运动的借口以及应对办法。

“我没有时间。”说这句话时，你真正表达的意思是你不愿意抽时间运动。运动可以让你更健美、更健康，提升你的幸福感，增强你对焦虑情绪的控制力，但是你对运动的这些好处重视不足。问题不是你有没有时间，而是你认为什么更重要。

“我太累了，没力气锻炼。”解决这个问题的一种方法就是在上班前或在午休时运动，而不是在结束工作之后运动。如果做不到，也不要放弃。很多不运动的人都忽略了一个事实，那就是适度运动实际上可以缓解工作产生的疲劳。很多人即使感到疲劳也照常运动，他们发现运动之后自己又充满了活力。一旦克服了锻炼之初的惰性，事情就容易多了。

“运动太枯燥，一点都不好玩儿。”之前提到的所有运动对你来说都是枯燥乏味的，这真的是事实吗？你尝试过所有这些运动吗？也许，你需要找人陪你一起运动才觉得更有趣，或者你需要在两种不同类型的运动之间来回切换，以此激发自己的兴趣。即使一开始看起来很难，几个月后当运动自身的好处开始显现时，运动的感觉就会开始变得美妙起来。

“出去运动太麻烦了。”这根本不是问题，有很多方法可以让你在家里舒适的环境下锻炼身体。健身车和跑步机现在都深受欢迎，每天骑健身车 20 分钟或者在跑步机上跑 20 分钟可以让你得到不错的锻炼。如果感觉枯燥，可以戴上耳机，用便携 CD 播放机听听 CD 或者在便携视频播放器上看看节目，也可以边骑车跑步边看电视。如果自己有健身 DVD 光盘，在家做有氧运动是非常方便又有趣味的。在亚马逊网站上搜索“健身视频”可以找到很多健身 DVD 光盘。其他室内运动还包括跳蹦床、健美操、划船健身器、综合健身器健身等。此外，电视上还有清晨健身节目。如果不愿花钱购置健身器材或者健身 DVD 光盘，那就放一些热情奔放的音乐跳 20 分钟舞吧。简单来说，在不离开家的情况下保持充足的运动也是完全切实可行的。

“运动会让乳酸积累，乳酸积累不是会引起惊恐发作吗?”运动确实会增加乳酸的分泌，乳酸也确实会促使一些已有惊恐发作倾向的人惊恐发作。但是，经常运动也可以提高身体氧化不需要的物质的能力，这些物质就包括乳酸。运动产生的乳酸会被身体提高的氧化能力迅速消耗。从实际结果来看，经常运动可以在总体上减少体内乳酸的积累水平。

“我已经40多岁，现在开始运动年纪太大了。”除非医生明确告诉你因为健康原因不可以运动，否则年龄从来都不是不运动的合理理由。只要有耐心，肯坚持，不管多大年纪都可以锻炼出健康的身体。

“我太胖了，身体不好。”或者**“剧烈运动会加重身体的负担，我担心自己心脏病发作。”**如果因身体原因担心运动给心脏造成负担，请在医生的帮助下制订健身计划。健步走基本上对所有人来说都是安全的，很少会造成肌肉或骨骼损伤，因此被一些医生认为是理想的运动方式。对于身体不好或肥胖的人来说，游泳也是万无一失的选择。不管你的计划是每天走1小时还是进行马拉松训练，重要的是不断坚持和全身心投入。

“我尝试过锻炼身体，但是没成功。”这就要问一问为什么不成功。是因为开始的时候太着急用力过猛吗？是因为感到厌倦吗？是因为肌肉酸痛不适而退缩了吗？是因为自己一个人锻炼感到孤单吗？也许，是时候给自己一个机会，重新发现经常运动给身体和心理两方面带来的益处了。

经常运动是本书提出的克服焦虑、担忧、恐惧的完整计划中必不可少的组成部分。如果把有规律的有氧运动和有规律的深度放松练习相结合，必定会大大降低焦虑水平。运动和深度放松是两种可以改变与焦虑相关的遗传生化倾向的最有效方法。这部分焦虑是与生俱来的，不是后天习得的。

第6章 呵护自己

阅读本章后，你将了解到：

- 如何在个人日程表中增加空闲时间。
- 如何培养健康的睡眠周期。
- 如何放稳步调、和谐生活。

自我呵护是必须，不是奢求

自我呵护是指在日常生活中保留充足的睡眠、娱乐和空闲时间，也可以指调整每天的生活节奏，让自己拥有充足的睡眠、娱乐和空闲时间。花时间呵护自己，人们可以有精力、耐力沉着冷静地去做事，去实现自己的目标，去构建自己的人生。此外，自我呵护还可以让人拥有个更加冷静平和的心态，这对于缓解焦虑是至关重要的。自我呵护是保持情绪活力和身体活力的前提，但因为现代生活节奏忙乱、不停不休，这一点常常被忽视。一些人认为自我呵护是难得的奢侈享受，他们无法轻易拥有。然而我们必须记住，自我呵护并不是每天日程安排中可以选择、可有可无的内容，而是日程安排得以维持的必要组成部分。

安排空闲时间

空闲时间，顾名思义就是放下工作或其他职责让自己休息和恢复精力的这段时间。如果没有空闲时间，不让自己休息，处理工作或其他事务时产生的压力就会不断积累。一直逼迫催促自己不停不休，最后就可能因为筋疲力尽而倒下，或者导致焦虑、恐惧等问题越来越严重。夜间睡眠不包括在空闲时间内。如果上床睡觉时感到精神紧张，即使睡了 8 小时，醒来后还是会觉得疲劳、紧张、无法放松。除了晚间睡眠时间，白天也要安排空闲时间。这样做的主要目的是在压力循环过程中让自己稍事休息，避免精神压力越来越大。最理想的情况下，应该拥有如下数量的空闲时间：

- 每天 1 小时。
- 每周 1 天。
- 每 12 ~ 16 周 1 周。

如果没有每年 4 周的带薪假期，则试着重新安排金钱的使用，让自己可以无薪休假。在空闲时间，不做任何与工作相关的事，暂时放下所有职责，甚至不接听电话，除非你确定渴望听到来电之人的消息。

三类空闲时间

空闲时间有三类，每一类都是养成无焦虑生活方式的关键要素。这三类空闲时间分别是休息时间、消遣时间和关系时间。

休息时间

休息时间是指暂停一切活动、让自己安静存在的这段时间。在这段时间里，人们停止活动、让自己彻底休息，可以是躺在沙发上什么都不做，安静地冥想，靠在躺椅上听让人静心宁神的音乐，在浴缸里泡个澡，或者在工作期间打个小盹。

阅读轻松的书籍或者观看轻松的电视节目也算是休息时间，但效果不如停下一切而休息那么好。休息时间的关键是让自己停下来不做不为，其本质是被动的。当代社会鼓励人们在醒着的每时每刻多产出、不断完成越来越多的工作。休息时间是一种非常必要的平衡。

消遣时间

消遣时间包括参与有助于重塑自身的活动，替自己补充能量。消遣时间让人心情愉快、精神振奋。从本质上看，消遣就是做任何让自己感到愉快的事或者游戏。消遣活动包括在花园里悠闲地摆弄花草、看小说、看一场特别的电影、外出远足、打排球、短途旅行、烘焙面包和钓鱼等。可以在工作周安排消遣时间，但重要的是在不工作的日子里消遣娱乐。消遣时间既可以独自度过，也可以和他人一起度过。如果是后者，则会与第三类空闲时间，即关系时间重叠。

关系时间

关系时间是指为了能享受与另一个人或另一些人相处的时光暂时把个人目标和责任放在一边，其重点是尊重与伴侣、子女、其他家庭成员、朋友或宠物之间的关系，暂时忘记自己的个人追求。如果是有家庭的人士，则需要公平合理地分配单独与配偶或伴侣相处的时间、单独与子女相处的时间以及全家人共聚的时间。

不当工作狂

工作成瘾是一种成瘾症，其特点是非常不健康地过度投入工作。工作成瘾者发现只有工作才能给予他们内心的满足感，让他们感到实现了自我价值。他们把所有时间和精力都放在工作上，忽略了自己的身体需要和情感需求。工作成瘾会导致生活方式不平衡，而不平衡的生活方式起初通常会引起慢性应激，接下来会让人精疲力竭，甚至有潜在的致病可能。

如果你恰好是一名工作狂，可以学着享受生活中除工作之外的其他方面，学会从总体上均衡兼顾的处事方法。有意识地腾出一些时间去休息、娱乐、与他人相处，一开始这样做可能会很困难，但随着时间的推移会变得越来越容易，而且这样做也会产生其自身的意义。

愿意少做

另外一件很重要的事是愿意少做。也就是说，真真正正减少自己的工作和职责，而且天天如此。有时候，这可能需要更换工作，其他时候只需要重新分配工作和休息放松的时间。对一些人来说，愿意少做意味着从根本上改变事情的优先等级，把保持简单且相对平衡的生活方式看成是比赚钱或者获得殊荣更重要的事。思考一下如何改变自己的价值观，在目前的生活状况下让自己更加重视生活的过程（如何生活），而不是成绩和生产力（实际上做了什么）。

练习：怎样才可以在日程表中留出更多空闲时间？

花些时间思考怎样才可以分配更多休息时间、消遣时间和关系时间，把答案写在纸上。

晚上睡好觉

健康的睡眠习惯常常成为现代社会忙碌生活方式的牺牲品。对一些人来说，一夜好眠几乎可以说是难得一遇的享受，但实际上充足的睡眠却是身体健康所必需的。缺少睡眠既可能是产生焦虑的原因，也可能是焦虑引起的后果。

培养健康的睡眠习惯必须做的事和不能做的事

必须记住的是，与经常运动一样，睡眠也是保持身体和心理健康所必不可少的。下列准则的目的是帮助你保持健康的睡眠习惯。

必须做的事

- 白天运动。以中午或傍晚饭前做 20 分钟或 20 分钟以上的有氧运动为最佳。至少，每天健步行走 45 ~ 60 分钟。不少人发现，睡前走 20 ~ 30 分钟有助于睡眠。

- 在固定时间入睡和起床。即使早上感到疲劳也要努力遵守计划好的起床时间。另外，不要变动晚上入睡的时间。你可以在第二天继续完成前一晚没有完成的事。人体喜欢有规律地入睡和起床。
- 养成睡前习惯。所谓睡前习惯，是指每晚上床睡觉前做的事。
- 减少噪声。如有必要，使用耳塞或者风扇等噪声掩蔽装置。
- 让房间温度保持在65～70华氏度（约合18～21摄氏度）。房间太热或太冷都会影响睡眠。如果房间没有空调，在热的时候可使用电扇。房间应该保持良好的通风。
- 购买优质床垫。枕头不要太高或者太软。羽绒枕是最好的。
- 如果配偶打鼾或者睡觉不老实，可分床睡。和配偶商量此事，确定双方都可以接受的距离。
- 享受美好的性爱。美好的性爱让人在身体和情感上得到满足，通常有助于睡眠。
- 必要时寻求心理治疗师的帮助。焦虑症和抑郁症常常会导致失眠。和好的心理治疗师谈一谈会有所帮助。

- 睡前一两个小时让自己安静下来。避免剧烈运动和激烈思考等。
- 睡前冲热水澡或者泡热水澡。

不能做的事

- 强迫自己入睡。如果上床后 20 ~ 30 分钟仍不能入睡，下床做些事放松放松，如看电视，坐在椅子上听舒缓的音乐，冥想，喝杯草药茶，感到困倦时再回到床上。半夜醒来难再入眠时，这种做法也同样适用。
- 睡前吃太多不易消化，或者饿着肚子睡觉。睡前稍微吃一点有益健康的食物可能有助于睡眠。
- 睡前喝太多酒。对一些人来说，睡前喝一小杯葡萄酒可以帮助睡眠，但是不应超过一小杯。
- 摄入太多咖啡因。尽量只在早上喝咖啡，如果对咖啡因过敏，则要完全避免咖啡因的摄入，改喝无因咖啡或者草药茶。
- 抽烟。尼古丁是一种较为温和的兴奋剂，除广为宣传的健康危害之外，尼古丁还会影响睡眠。如果长期抽烟，应和医生商讨减少抽烟的最佳方法。

- 在床上做与睡觉无关的事。不要在床上工作、看书或者做其他任何事，除非这件事是睡前习惯的一部分。这样可以增强床与睡眠之间的联系。
- 白天小睡。15～20 分钟的小睡是可以的，但如果睡 1 小时或 1 小时以上就可能会影响晚上的睡眠。
- 恐惧失眠。努力接受睡眠不好的夜晚。即使只睡几个小时，第二天还是可以正常工作和生活，越是反抗、抗拒、恐惧失眠，越不容易摆脱失眠。

让你一夜好眠的几个小妙招

- 如果医生或保健医生同意，试一试可促进睡眠的天然营养保健品。但服用营养保健品不要超过建议剂量，服用前要和医生讨论所有有助于睡眠效果的配方。尽量不要服用处方类药物帮助睡眠，因为处方类药物会影响睡眠周期，最终加重失眠问题。

- 使用深度放松方法放松紧张的肌肉或平复翻腾的思绪。具体来说，渐进式肌肉放松法和引导式内观法（参阅第1、2章）都非常有效。此外也可以在亚马逊网站上搜索相关关键词寻找其他资源。
- 改变床垫的硬度。如果床垫凹陷或者太软，可花钱买个新床垫或者在褥子下加一块木板。如果床垫太硬，在床垫和褥子之间可放一块海绵垫。
- 如果疼痛引起失眠，则要服用止痛药。这种情况下，止痛药比安眠药更合适。

放稳步调，白天小憩

人的自我形象和个人理想常常不能与人体的需要协调一致。关于工作、成功、成就以及待人接物的个人标准可能会让人背离人体自然的生命节奏，现在经受的精神压力直接反映出过去背离自然节奏的程度。放稳步调和白天小憩这两种方法可以帮助人们改变不健康的习惯和做法，让生活方式与身体需求更加和谐一致。

确定适合自己的步调

放稳步调是指以最佳节奏生活。每天忙忙碌碌不停不休，人就会感到筋疲力尽、精神紧张、焦虑不安，更严重的可能还会生病。但如果太过清闲，人又会产生厌倦感或者过于专注于自我。很多焦虑症患者都有生活节奏过快的问题，这是因为社会告诉我们要不惜一切代价多做事，要争取更多的成绩，要表现出色，于是人们便跟随这样的指引去生活。当人们以外来标准为依据时，就会强迫自己接受并不适合自己的生活节奏，虽然别人的生活节奏可能也是这样。人不会给自己买适合邻居、亲戚或者配偶的衣服，同样，人也不应该为自己制订适合别人却不适合自己的日程安排。

小憩

要想得到高度放松和内心平静，需要在日程安排中留出一些空档，让自己有时间休息、反思、放空。如果你常常一件事接着一件事忙个不停，试着放慢速度，每小时或者至少每两小时让自己休息 5 ~ 10 分钟。在完成一件事而即将开始另一件事的时候，小憩尤其有效。例如，早上到单位后休息一会儿再开始工作，或者做完饭后休息一下再吃饭。休息的时候可以练习腹式呼吸、冥想、起身走一走、做几个瑜伽拉伸动作，或者做些其他事帮助自己恢复活力、放松身心、清神醒脑。调整步调让自己时不时地小憩片刻，你会发现自己的感觉大不相同。你还可能会惊奇地发现完成的事情不但没有减少，反而更多了，这是因为你有了更多的精力和更清醒的头脑来完成自己的工作。给自己一些时间小憩从理论上来说很简单，但需要实实在在地付出努力去实践。小憩之后，你会发现付出小憩时间是值得的。

让自我呵护成为日常

尽管人生总是起起伏伏，甚至会突然面临意想不到的考验，但是每天对自己的一点点善行可以让我们暂时摆脱忧虑，建立内心的安全感。这首先需要我们在履行工作职责和家庭责任之余抽出时间呵护自己。建立与自己的良好关系实际上和发展与他人的亲密关系没有什么不同，二者都需要付出时间、精力和全身心的投入。让自己拥有固定的空闲时间是建立与自己的良好关系的一种方法。外在生活境况看起来很严酷的时候，为自己留出一些时间而不感到内疚或自我放纵尤其重要。下面列出的是其他一些简单的自我呵护活动。

阅读陶冶心灵的书籍

阅读陶冶心灵的书籍可以让人的精神得到放松和恢复。阅读的内容可以是鼓舞人心的小说、具有前瞻性的自助图书或是以精神主题为核心的书籍。当你通过阅读进入作者的世界时，你可以相对轻松地进入一个截然不同的思想空间。有时，只要阅读几页就可以让你的意识上升到一个更高的境界。

花时间获得感官享受

泡热水澡。

洗桑拿浴。

做按摩。

洗泡泡浴。

去修甲、美甲。

泡温泉。

如果天气寒冷，坐在暖炉旁，和对你有特殊意义的人相互偎依。

尽情享受周围的世界

到风景优美的地方散步。

花时间欣赏日出日落，在星空下露营。

逛公园、去海滩、游览湖泊山川。

享受生活乐趣

看搞笑电影。

吃一顿大餐。

播放自己最喜欢的音乐，伴着音乐起舞。

叫上好友一起购置新装。

根据自己的消费能力为自己买一份特别的礼物。

看一场精彩的演出。

悠闲地逛逛书店或音像店。

参观博物馆或其他感兴趣的地方。

做自己最喜欢的谜题或者谜题书。

买花给自己。

给老朋友写信。

烘焙或者烹饪特别的食物。

单纯地逛街，不买东西。

和宠物玩耍。

专为自己做点事

读本好书，看本好杂志，听听舒缓的音乐，让自己放松。

早点睡觉。

放一天假，给自己过一个“心理健康日”。

为自己准备一顿特殊的烛光晚餐。

喝一杯最喜欢的草药茶。

冥想。

写一封内容积极乐观的信给自己，然后寄出。

留给自己充裕的时间完成手头上的事，让自己可以慢慢来。

读一本励志书。

听一盘积极的、励志的CD。

在日记里记录自己的反思、领悟和成绩。

在床上吃早餐。

第7章 简化生活

阅读本章后，你将了解到：

- 如何通过短期和长期的改变让生活变得更简单。

保持简单

经济负担繁重，时间投入巨大，拥有物品过多，这些都是现代人焦虑的源头。虽然这种过度投入和过度拥有是我们这个时代的特点，但不可否认的事实是，生活越简单感受就越丰富，幸福感也就越强。

生活简单不等同于节衣缩食，后者是陷于贫困匮乏的结果，而前者可以让人得到精神上的满足和心灵上的滋养，让人富有创造力。简单的生活就是不再去做那些只消耗时间和金钱却不能丰富人生的事情。可以说，简单是一种生活方式，这种生活方式让我们在时间和金钱上的投资获得更高的回报。人们常常有一种误解，认为简单就是放弃现代生活的舒适与便利，以此证明自己有能力不依靠现代技术生活。关于物质生活，甘地曾经说过一段话，很有道理。他说："如果有一样东西让你得到内心的救助和安慰，留下它。如果是出于自我牺牲的心态或是因为严苛的责任感放弃了，会一直渴望重新拥有，而这种未得到满足的渴望会给你带来麻烦。"

什么是简单生活

并没有严格确切的标准界定什么是简单生活。每个人都可能找到自己的方法，化繁为简，减少多余负累。在《自求简朴》（*Voluntary Simplicity*）一书中，杜安·艾尔金（Duane Elgin）给了追求简单生活的人们以下建议。

- 利用简化生活节约出来的时间和精力陪伴伴侣、子女和朋友，例如和伴侣、子女或朋友一起散步、一起创作音乐、聚餐或露营。
- 开发各方面的潜能。进行跑步、骑车、远足等体育运动，开发身体潜能；学习增进亲密关系的技巧、分享各种重要人际关系方面的心得，发展情感潜能；阅读、上课，不断学习，拓展智力潜能；学习心态平和、心怀同情地度过人生，发掘精神潜能。
- 感受与地球的亲密联系，敬畏自然，关爱自然。
- 对世上遭受贫穷的人心怀同情和关怀。
- 减少个人整体消费，如少买衣服。买衣服时多注重衣物的实用性、耐用性和美观性，少关心转瞬即逝的潮流、流行时尚和当季流行款式。
- 改变消费模式，购买实用、耐用、易修、无污染、节能、美观的商品。
- 改变饮食习惯，逐渐少吃或不吃深加工食品、肉制品和糖，改吃更自然、健康、简单的食物。
- 减少多余的杂物，把自己很少用但别人可以更充分利用的东西送人或卖掉，如衣物、书籍、家具、家用电器和工具等。

- 回收利用金属、玻璃、纸张，减少使用会造成不可再生资源浪费的物品。
- 学习生活技能，提高自力更生的能力，减少对专业人员解决日常生活中常见问题的依赖，培养基本的生活技能，包括简单的木工、水管修理和家电维修等。
- 选择规模较小、适合居住与工作的环境，这样的环境有利于建立社群感，可以增进面对面的接触和人与人之间的相互关怀。
- 参加侧重于预防疾病和提高人体自愈能力的整体保健活动。
- 改变交通方式，搭乘公共交通工具、拼车、开更小更节能的汽车、住得离工作单位近一点、骑自行车、走路。

总之，较为简单的生活让人们有更多的时间去增进与家人、社会、自然和自我之间的联系。自然界中没有哪一样事物是孤立存在的，是抽象的概念思维将事物进行了区分和分离。当人们允许自己体验不同层面自然、天生的联系时，便消除了所有不同形式的分离，从根本上治愈了焦虑问题。

近些年有迹象表明，越来越多的人倾向于让生活简单化。从 2008 年的经济衰退开始，很多人发现了精简、简化生活的必要性。其实，简化生活方式的趋势在 25 年以前已经开始流行。据杜安·艾尔金《自求简朴》一书中引用的 1991 年的一项调查显示。

- 69% 的受访者说他们想要“放慢速度，活得轻松自在一些”，只有 19% 的人希望“生活再多些刺激，生活节奏再快一些”。
- 61% 的受访者认为“如今想要谋生需要付出巨大的努力，很难有时间享受生活”。
- 被问到什么更重要时，89% 的人认为就目前而言花时间陪伴家人更重要。
- 只有 13% 的人认为追赶时尚潮流重要，仅有 7% 的人认为花心思选购可以象征社会地位的商品是值得的。

《今日美国》1997 年 6 月公布的一项民意调查显示，1995 年有 28% 的美国人在之前 5 年中刻意改变生活方式并因此导致收入降低，但这些人中有 87% 的人称自己对改变感到满意。

简化生活的方法

下面是一些关于简化生活的建议，这些建议中有些可以立刻实现，有些则需要花费更多时间、付出更多努力才能做到。需要记住的是，简化生活的目的是让人得到解脱，不再去做一些大量消耗时间、精力和金钱但却不能满足自己的根本需求或让自己保持活力的事。

缩小居住空间

缩小居住空间有若干好处。首先，没有足够的空间就不可能堆积大量的物品。其次，居住空间变小可以减少打扫和维护的时间，这通常也意味着减少花费。

清理不需要的东西

我们生活在一个物质空前丰富的时代，东西很容易就会越积越多，这些东西对我们没有实际的用处和价值，只是让家里变得零乱。看看自己的东西，确定哪些有用值得保留，哪些只是白白占用空间。通常，要想减少杂乱，需要清理掉一年多都没用过的东西。当然，具有纪念价值的东西除外。

从事自己喜欢的职业

做自己真正想做的事需要付出时间和努力，还要冒一些风险。转行从事新职业前，可能需要一至两年的时间重新学习或适应，之后可能还要在初级岗位上忍受一段时间才能获得能满足需要的经济收入。但是在我们看来，同时也在那些过来人看来，付出的时间和努力以及在此过程中经历的混乱都是值得的。

缩短上下班行程

缩短上下班行程或者在家工作是简化生活过程中可以实现的最重要的改变之一。无须多想就可以知道每天交通高峰期的车流会给人们增加多大的压力。搬到离工作单位较近的地方居住或者在小一点的城市生活都可以缩短上下班路程。再不然，如果必须走很远的路上下班，可以尝试弹性上下班时间避开高峰期，或者买一辆配有 CD 播放器或数码收音机的舒适型轿车。目前，有 15% 的美国人在家里工作，而且这个数字还在上升。如果能找到一份可以在家里做的工作，如提供咨询服务或主要依靠电脑完成的工作，你也可以成为他们中的一员。

减少对着屏幕的时间

你每天有多少时间对着屏幕？当今时代，普通家庭都有两三台电视，每台电视都有数百个频道。这还不够，现在至少 1 亿美国家庭拥有个人计算机，几乎人手一台智能手机，个人计算机和手机上有数不清的游戏，网络连接让人们可以接触数以百万计的话题、访问数以百万计的网站。不但如此，智能手机还是人们不停发送信息的平台。电视上确实有很多优秀的电视节目，网络也确实是传递信息的绝佳工具，但问题是选择太多让事情复杂化，而且所有选择都涉及要获得娱乐还是要接收信息的被动立场。虽然对着屏幕可以分散人对焦虑问题的注意力，但同时也会妨碍人们重新建立与自然、他人和自己的密切联系。如果焦虑问题因为过度刺激或者因为感觉多层面联系缺失而加重，那么对着屏幕的时间应该要适度。

亲近自然

焦虑状态常被认为与身心分离感有关。身心分离感即感觉自己的感受与肉体脱离，在伴随急性焦虑症或恐惧症出现的人格解体或现实感丧失中表现尤为明显。乘车、坐飞机或站在大厦高层时，人会脱离与地面的接触，这种情况下分离感可能会更加强烈。此外，在食杂店、购物中心、社交聚会等场合，因为周遭源源不断的外界刺激导致意识无法集中，这种感觉也会加重。

在树林或公园散步这样简单的活动可以帮助逆转身心分离的感觉。与地球亲密接触，欣赏自然风光，聆听自然界的声音，感受大自然的气味和力量，这些都可以让人更轻松地保持与自己的联系。如果条件允许，请选择在自然的怀抱中居住生活。生活在亲近自然的环境中可以让人重新建立与地球之间的持久联系，很多现代文明社会似乎已经失去了这种联系。

控制使用电话的时间

很多人觉得不管什么时候，也不管心情如何，不管是固定电话还是手机，只要电话响了就要接听。还有很多人每天使用智能手机无数次发送和接收信息。要知道，接不接电话是可以选择的，可以让语音信箱接听，然后在可以全神贯注听对方讲话的时候给对方回电话。另外，每天多次收发信息也不是什么必须的事。对你来说什么事情比较重要呢？是花时间在有创意的工作上、做一些让自己受益良多的事，还是每天花好几个小时打电话、发信息？

把简单的家务活交给别人做

如果钱不是问题，你会把多少简单的家务活交给别人做呢？把打扫卫生、打理庭院等自己不喜欢做的家务活交给别人做，哪怕只是一件，都会让你倍增舒适和安逸感。如果预算不足，有没有哪些家务是孩子可以学做而且做的不会比你差的呢？也许，你也可以让其他家庭成员帮忙做饭、打理庭院和打扫卫生等。

学会说“不”

“不”并不是一个不好的字眼。很多人因为自己可以一直迎合家人、朋友、同事的需求和愿望而感到骄傲。但问题是，这样一直不停“帮忙”的最终结果是让自己筋疲力尽，为了照顾别人的需求和愿望自己变得很忙，结果没有时间和精力满足自己的需求和愿望。别人请你付出时间、精力或给予其他帮助时，先想一想做这件事是否能同时满足你自己和他人的最大利益，然后再决定答不答应。

其他简化生活的方法

还有其他很多方法可以让生活变得更简单。例如，你可以减少持有信用卡的数量，只保留一张信用卡，一方面可以方便电话购物、网上购物或租车，另一方面可以减少每月的对账单、降低年费。

练习：简化生活问卷

现在，请花点时间思考如何让自己的生活更简单。为了完成这个任务，请回答以下问题：

1. 如果用 1～10 来衡量繁简程度，1 代表“非常简单”，10 代表“非常复杂”，你认为你现在的生活方式应该得几分？

2. 过去的一年你是否改变过生活上的某些安排让生活更简单呢？如果有，做了哪些改变？
3. 总体而言，你愿意做哪些方面的改变让生活更简单？
4. 明年你愿意做哪些方面的改变让生活更简单？

练习：简单生活一览表

回顾以下简化策略，在你愿意在接下来的两个月里尝试改变或开始改变的项目旁边打勾或在下面画线。

◇ 减少家中杂物。

◇ 搬进小一点的房子。

◇ 搬去小一点的城市居住。

◇ 搬到购物方便的地方居住，可以快速完成采购。

◇ 少买衣服，买衣服看重衣服是否实用、耐用、美观大方，而不是衣服是否时尚。

◇ 开功能简单的节能汽车。

◇ 减少对电视的依赖。

◇ 减少出门娱乐活动，如看电影、看戏、听演唱会和去夜店等。

◇ 减少或不订阅杂志。

◇ 不接受送报上门服务。

◇ 不接收广告邮件。

◇ 不是每次电话响就接听。

◇ 缩短上下班行程，如果条件允许，走路或骑自行车上班。

◇ 在家上班。

◇ 告诉除近亲之外的所有人以后不送、不收圣诞礼物和圣诞卡片。

◇ 度假只带一个行李箱，只带必需的衣物。

◇ 在家度假或就近度假。

◇ 减少消费，不买奢侈品或名牌服饰；购买耐用、易修、无污染的商品。

◇ 采取措施让自己不再负债。

◇ 只保留一张信用卡。

◇ 合并银行账户。

◇ 把打理庭院、打扫卫生、报税等简单但累人的活儿交给别人去做。

◇ 简化饮食习惯，吃健康的未经加工的食品。

◇ 购买食物时一次多买点，减少购买频率。

◇ 把水当作饮品的首选。

◇ 自带午餐。

◇ 学会说“不”。

◇ 不再试图改变别人。

◇ 不再努力讨好别人，做自己。

◇ 把自己不需要的个人物品处理掉。

◇ 把自己真正想做的事作为谋生的职业。

◇ 少花些时间工作，多花时间陪伴你爱的人。

这些改变有些可以立即达成，有些需要一个过程才能实现。例如，可能需要一两年的时间重新规划生活从事自己真正喜欢的职业。处理不需要的物品时，把你认为一年都用不到的东西锁在柜子或者储物间里，如果一年后发现这一年内都没想起过这些东西，就果断处理掉。学会拒绝或者学会不要总是努力讨好别人，需要掌握一些技巧让自己可以果断、自信地表达想法和感受，这些技巧可以通过相关的课程、工作坊、咨询或阅读来学习和掌握。

我们希望本章的内容确实让你得到了一些让生活变简单的好点子。简化生活可以让你有更多的时间和能力去寻求内心的平静，欣赏生活的美好。

第 8 章 停止忧虑

阅读本章后，你将了解到：

- 如何转移注意力不过分忧虑。
- 如何利用解离技巧中止忧虑。
- 如何延迟忧虑。
- 如何制订有效的计划解决忧虑问题。

迷失在忧虑的漩涡中

过分忧虑常常会愈演愈烈，最终引起焦虑。当人们困在过分忧虑的漩涡中，往往会对觉察到的危险思前想后，最后整个脑海都被占据，不能自拔。从生理和心理角度而言，焦虑是感觉思维飞速旋转不受控制之后的自然反应，是顺理成章的事。因为忧虑思想来势汹汹、难以抵挡，所以需要采取有意识、有毅力的举动来摆脱过分忧虑的困扰。这个过程中所有努力都要朝向同一个目标，即远离忧虑思想的漩涡、转换思维方式。如果顺着阻力最小的方向走，可能会让情况持续恶化，最终导致焦虑症状全面爆发。做一些其他的事或者关注一些自身以外的其他问题，可以行之有效地帮助人们摆脱思维的怪圈，逃离忧虑的漩涡。尽管一开始要有意识地摆脱过分忧虑非常困难，但是经过练习之后就会变得容易起来。

转移注意力，不想忧心事

要从忧虑漩涡中抽身而出，需要改变关注的焦点，从关注思想活动变为关注现实。这就需要投身一项工作或者参与一项活动，让自己从对未来可能发生的危险的担忧中抽身而出，转而思考使用什么策略完成手头的任务。下面列出了一些转移注意力的方法，以供读者参考使用。

让身体动起来

可以做自己最喜欢的运动或者体育活动，也可以做家务。如果不想锻炼身体，那就在家里或者在办公室四处打量一番，看看有什么事情需要完成，有没有哪件事已经拖了一段时间还没做，这件事可能和给柜子换贴纸、给地板打蜡一样单调乏味。多数人家都有一份长期待办任务清单，只是没有写出来。列出自己的待办事项，确定自己想先做哪一件。

找人聊聊

现代社会，人们交谈的时间大大缩短。现代科技、快节奏的现代生活以及人与人之间互不来往的整体趋势，这些都限制了我们用于交谈的时间，包括有深度、有意义的交谈，也包括日常简单的闲聊。交谈是转移注意力，让人不去想烦心事的好方法。一般来说，除非想就这些烦心事倾诉心情，否则最好聊一聊其他的事。

做深度放松练习 20 分钟

当人忧心忡忡不能自已的时候，身体通常是紧绷的。如果能停下来抽出时间练习放松技巧，你会发现，做完放松练习后大脑就不再想之前那件让你一直想个不停的事情了。较长时间（15 ~ 20 分钟）的放松比较短时间的放松效果更好。可以按照本书第 1 章和第 2 章的内容，利用渐进式肌肉放松法、引导式内观、冥想等方法让身体深度放松。

听动听的音乐

悲伤、愤怒等情绪会引发并使人过度忧虑，而音乐有很强的排解这些不良情绪的作用。在自己喜欢的音乐专辑中找出一首歌曲或者一张完整光盘，帮助释放情绪。虽然并非有意为之，但很多人都从不同地方精心挑选、收集了很多音乐，并根据自己的心情选择性地欣赏。如果你也是这样，好好利用自己收集的音乐，缩短忧虑的时间。

体验令人愉悦的事

人不可能同一时间既感到忧虑又感到快乐自在，忧虑和快乐是两种互不相容的感受。吃一顿美味佳肴、洗一个热水澡、看一部有趣的电影、做一次背部按摩、拥抱或者只是到风景优美的地方散步。不管做什么，只要是让你感觉快乐的事情，都可以帮你远离忧虑和恐惧思想。

利用视觉转移

看看那些可以吸引自己注意力的东西，可以看电视、看电影、玩电子游戏等，也可以做与屏幕无关的其他活动，如阅读振奋人心的书籍、欣赏工艺品，甚至观赏假山。

展现自己的创造力

人在发挥创造力的时候是很难感到忧虑的。试试制作手工艺品、弹奏乐器、绘画、种植花草，或者重新布置卧室吧。如果有个人爱好，尽情享受吧。有一直都很想尝试的事吗？如制作首饰、画水彩画？如果有，正是时候开始一些新的有意义的活动了。

做一件积极的事并沉浸其中

做一件需要全神贯注并且需要持久注意力的事，如玩填字游戏或拼图游戏，沉浸于积极正面的事物，以此摆脱对消极负面事物的沉迷。

复诵肯定语

安静地坐着，复诵对自己有重要意义的肯定语。缓慢从容地复诵，注意力不集中时把注意力带回到肯定语上。坚持 5 ~ 10 分钟，或者坚持到完全放松为止。可以尝试以下肯定语：

- 让它去。
- 这只是一些想法而已，这些想法正在慢慢消退。
- 我是健康的，放松的，无忧无虑的。

解离

解离是源于接纳与承诺疗法的一系列方法，这些方法可以让人摆脱思想的纠缠。解离方法有助于增加习惯化自动思维与自动思维意识之间的距离或“空间”，对于处理忧虑问题尤其有效。

人与自己的想法“融合”时，通常会相信这些想法，仿佛这些想法是绝对的真理。即使这些想法是关于尚未发生而且也不太可能发生的未来风险，也同样如此。例如，感到焦虑的时候心跳加快，因此认为自己要心脏病发作。即使心脏病发作的可能性非常低，还是对这个想法深信不疑。

另一种“融合”表现为对于应该怎么想或怎么做以及不应该怎么想或怎么做恪守严格的规定。在这种思维中会出现“应该”“必须”“一定要”这样的字眼，常见的例子有“我不应该这样想”“我一定不能出错，否则根本不值得一试”。

还有一类“融合”与内心的否定评价紧密相关。当内心的声音总是在自我贬低时，人们真的会相信“我没用”“我软弱”“我是个失败者”“我无力应付”等负面的自我评价。与这种自我批评陈述相融合，会让人沮丧消沉、产生绝望感。

“融合”的问题在于自认为绝对真实的事其实只是头脑中一系列的词语和幻象。大脑产生的这一系列词语和幻象可能与现实没有任何关系，但是却被当成是绝对的事实全心全意地加以相信。陷在这样的思维里不能自拔会让人痛苦不堪。解决这个问题的办法就是不要再盲目地相信你所相信的一切。

解离可以帮助解决这个问题。如前文所述，解离是摆脱无用思想纠缠的过程，是停止与无用思想融合的过程。与思想解离时，人们会认清这些思想的本质，明白它们不过是头脑中一串串的文字和想象。

解离的第一步就是让自己觉察自己当下的想法，可以对自己说：

- 好吧，此刻我心里要对自己说的话是什么？
- 此刻有什么样的想法出现在我的脑海里？
- 我可以只注意我的心里话吗？
- 此刻我得出的看法是什么？

认清自己的想法后，接下来最重要的事情是问问自己这些想法是否有用、是否能帮到自己。与认知行为疗法不同，解离与想法的真假关系不大，与这个想法是否可行、是否有用、是否能让生活更丰富充实、更有意义有关。如果你融合了“我很胖”这个想法，解离与“我很胖”这个想法的真实性无关，而是与“我很胖”这个想法是否有用有关。简单来说，解离就是要放开那些无用的想法，不管这些想法是真是假。重点是，对那些批评的、令人痛苦的、令人恐惧的想法释怀，如此一来，这些想法才不会主宰你的人生。

常用解离方法

这里有一些常见的解离方法，可供你使用。

觉察内心的想法。注意此时此刻心中所想，回想“好吧，此刻我心里要对自己说的话是什么？”把想法写下来。感到心烦沮丧时，觉察自己的想法，把想法写在卡片上或者写在纸上。

把想法归类。觉察到某个想法后，以“我现在的想法是……”开头，说出这个想法。例如，如果你有“我是失败者”这样自暴自弃的想法，就对自己说：“我现在的想法是‘我是失败者’。”以此解离或者远离这个想法。

想象溪水中漂浮的树叶。想象自己坐在静静流淌的溪水边，树叶落在溪水里从你身边漂过。接下来的几分钟，抓住脑海中冒出的每一个想法，把一个想法放在一片树叶上，让它随着树叶漂走。不管是喜欢的想法还是不喜欢的想法，都放在树叶上随之漂流远去。如果有一片树叶卡在哪儿不动了，随它去，不要强迫它漂走。如果开始感到厌倦或不耐烦，承认这个感受，如“这是厌倦的感觉”或“这是不耐烦的感觉”，然后把这个想法放在树叶上，让它随着树叶漂走。

注视自己的思想。放松，把注意力集中在身体上，做腹式呼吸一分钟。现在，把注意力转移到自己的思想上。你的想法是什么？这些想法存在于何处？是存在于你的头脑中吗？是浮现于头脑的“思维空间”里还是其他地方？

觉察思想呈现的形式，它们更像文字，更像图像，还是更像声音？觉察思想是运动的还是静止的。如果是运动的，运动的速度怎样、方向如何？注意思想的上面和下面是什么？想法与想法之间有间隔吗？有时你可能发现自己被思想困住，这是非常自然和正常的。这种情况下，只需要平静地承认，然后继续注视自己的思想。

想象电脑屏幕。想象自己的想法出现在电脑屏幕上，改变它们的字体、颜色和格式，给文字和图像加上动画效果。

把想法唱出来。例如，把“我是失败者”这个想法用《生日歌》的曲调唱出来。这是比较另类搞笑的解离方法，你可能喜欢也可能不喜欢，但这个方法对很多人都很奏效。

思考想法的可行性。问一问自己“如果我认同这个想法，相信这个想法，被这个想法支配，我最后会被带向何处？”“相信这个想法我可以得到什么？”“相信这个想法可以让我的生活更美好、更有意义吗？”

上面提到的这些解离方法可以在任何时候使用，尤其在冥想训练（参见第 2 章）时使用效果特别好。数千年来，冥想训练的一个主要目的就是培养正念，即培养观察和脱离习惯化思维的能力。当然，这也是解离的意义所在。

焦虑暴露法

焦虑暴露法是想象暴露法（参见第 4 章）的一种，指具体想象某种担忧可能发生的最糟情况，如考试没通过、搞砸求职面试、报告做得一塌糊涂等。焦虑暴露的目的是反复想象令人担忧的情境直到对该情境感到厌烦、厌倦。

焦虑暴露法的第一步是想象你所担心的事可能发生的最糟情况，详细地写下来，列出由始至终的所有细节。例如，如果担心的是求职面试，根据想象的情况写一段话，内容包括面试前一晚、开车去参加面试、等待面试开始、被问到不好回答的问题、回答问题时结结巴巴、面试官看起来很不耐烦甚至一脸轻蔑、面试官突然结束面试然后请你离开、收到只有两行内容的拒绝信。

如果担心的是考试的事，详细描述考试前后的情景，包括准备考试、坐下等待发卷、拿到试卷并且发现众多题目当中只会回答少数几题并随之感到越来越忧虑、很多题目都空着没有回答心情非常沮丧、其他人还在答题自己却只能起身提前交卷、等待考试成绩公布、收到成绩单得知考试不及格结果导致这门课没有拿到学分。

以上这两个例子只是例子而已。描述想像中最糟糕的情况时要有个人的独特之处，描述想象时要运用自己所有的感官，包括视觉、听觉、触觉，甚至嗅觉。

注意事项：如果最初的最糟设想情况引发过度焦虑，那么就先从不那么担心的事情和较为容易的假设情况开始，之后再过渡到最难的。但不管怎样，为了达到焦虑暴露的目的，要对假想情景感到一定程度的焦虑，这至关重要。

如何进行焦虑暴露

请依照以下步骤进行焦虑暴露：

1. 放松，让自己感到舒服。

2. 慢慢阅读关于焦虑情景的文字描述。

3. 闭上双眼，想象这个焦虑情景约 10 ~ 15 分钟。一步一步经历整个过程，不要把自己当成局外人，要把自己当成主动的参与者。忍受出现的任何焦虑情绪，不要试图逃避转移注意力。坚持在脑海中想象整个过程，直到焦虑感开始减退或者对这个情景感到厌倦。

4. 一周之内练习第 3 步若干次，每次练习时长相同，即 10 ~ 15 分钟。可以设置定时器来保证固定的练习时长。如果第一次练习时全程感到焦虑，没关系。重要的是坚持多次暴露练习，例如，每天练习，持续一周。随着时间的推移，你会开始厌倦这种想象，这意味着之前让你感到焦虑不安的想法现在已经不会再让你焦虑了。

5. 定时结束，完成一轮暴露练习后，花几分钟时间想象另外一个结果较好的情景。但注意，一定要在暴露练习完全结束后再做替换情景想象。如果是求职面试，可以想象面试官非常和善、面试进行得非常顺利。如果是考试，替换情景可以是所有考题都会做、对自己的答题很满意。

焦虑暴露的目的是让人们在焦虑自然出现时自然而然地想：“我之前已经因为这件事担心到精疲力竭了，没有必要再重来一遍。”达到这个程度后，可以自由自在地想象其他正面的替换情景。但如果还做不到，自然地把注意力转移到其他事情上就好。经过充分练习，你可以学会克服对任何事情的忧虑。

延迟忧虑

除了完全停止忧虑或终止强迫性思维，也可以选择延迟。如果在尝试使用本章开头提出的转移注意力方法停止忧虑时感觉举步维艰，延迟策略尤其有用。在某种意义上，延迟相当于一定程度上接纳了自己的担忧或强迫观念，告诉它们暂时忽略它们几分钟，等回过头来再处理。这样一来，就避免了与强迫性焦虑或强迫性思维的正面交锋。

第一次尝试延迟方法时，试着只延迟很短的时间，可能是 2 分钟或者 3 分钟。然后，在时间将尽时再延迟几分钟。时间到了之后，再设定一个具体时间继续延迟强迫性思维。窍门是一直不停延迟，直到坚持不下去为止。通常可以将忧虑延迟足够长的时间让注意力转移到另外一件事情上。延迟的时间越长，忧虑的程度越轻。假设你要完成一项工作，一直不停地担心怎么来支付所有的费用。接受心中的担忧，不要与之对抗，但告诉自己 5 分钟之后再来担心这个问题，5 分钟后告诉自己再过 5 分钟再来想这件事，如此反复直至注意力转移到其他事情上为止。

首次尝试这个方法时，延迟的时间不要太长，1 ~ 5 分钟为宜。熟练掌握技巧后，可以延长迟 1 小时或者 1 天。如果延迟忧虑两三次以后，感觉无法再延迟下去，给自己 5 分钟或 10 分钟的时间去担忧。也就是说，刻意花点时间专心去想让自己担忧的事。5 分钟或 10 分钟以后，再继续尝试延迟。如果做不到继续延迟，就使用本章前面介绍的转移注意力和解离的基本方法。

延迟忧虑的技巧会随着不断练习而提高。与其他中止忧虑的方法一样，掌握忧虑延迟技巧可以提高应对各种忧虑和强迫性思维的自信。

制订行动计划解决烦忧

为了参加求职面试而担心、为了发表演讲而担心、为了长途飞机旅行而担心……各种担心给人造成的精神压力比这些经历本身导致的精神压力更大。这是因为人体的“战或逃”反应机制无法区分人对于情境的想象和情境本身。为了想象的危险担忧发愁时，人会肌肉紧张、反胃难受，这与面对真正危险时的情况是完全相同的。遇到让人挥之不去的烦心事时，一个非常有效的策略就是制订行动计划解决烦忧。制订计划的简单过程可以帮助人们转移注意力，不再去想烦心事。制订计划还可以帮助人们摆脱受害者心理，代之以更积极乐观的心态。

练习：制订计划解决烦忧

想想现在最让你担心发愁的事是什么，是金钱还是某方面的人际关系？是孩子、是焦虑症本身还是即将要做的演讲？在所有让你担忧发愁的事里，哪一件事是你最优先考虑要立即付诸行动的？如果你已经准备好付诸行动，依照下面的步骤来做吧。下面的内容是经作者同意根据玛丽·埃伦·科普兰（Mary Ellen Copeland）《焦虑控制自助手册》（*The Worry Control Workbook*, 2000）中的相关内容改编而成。

1. 写下现在让你担忧的具体情境。
2. 列出为了解决问题或改善现状你可能做的所有事。即使有些事目前对你来说可能性不大或者让你觉得无所适从，也请写下来。同时也要向家人和朋友征求意见。此刻不要就任何可能性做出判断，只要写下来就可以。
3. 仔细考虑每一个想法。哪些想法是可行的？哪些想法可行但实施起来难度很大？在难度很大的条目后面画上问号。哪些可以在接下来的一周至一个月的时间内做到？在这类想法后面打勾。
4. 与自己制订一个协议，完成所有打勾的内容。规定具体的完成日期。完成打勾的项目后，再继续完成那些比较困难的事。同样，与自己制订协议并规定具体的完成日期。

5. 有没有哪些最初看起来不可能的事现在可能去做呢？如果有，还是一样，与自己制订协议，并按照规定的具体时间完成。
6. 完成所有协议后，问问自己情况怎么样了，担心烦恼的事情是不是已经得到妥善解决了？如果还没有解决，再重复这个过程。

如果担忧的问题一直得不到解决，可能是因为你的某些自我限制的思维模式或观念妨碍了你。要想了解和改进个人观念体系，请参阅伯恩写的《心理医生为什么没有告诉我》（第 6 版）的第 10 章“错误观念”，和《超越焦虑与恐惧》（*Beyond Anxiety and Phobia*）的第 10 章“建立个人观念”。

第9章 即刻应对

阅读本章后，你将了解到：

- 如何使用应对策略和应对陈述对抗焦虑
- 如何使用肯定话语抵抗加剧焦虑的消极思想

经受焦虑

排斥或对抗焦虑的结果很可能是让焦虑问题更加严重。面对焦虑时，很重要的一点是不要紧张或试图赶走焦虑。压抑或者逃避最初的焦虑症状无异于告诉自己

“我应付不了”。更为积极有益的做法是培养正确的心态，在焦虑出现时告诉自己：“好吧，它又来了，我的身体可以承受焦虑的各种反应，我可以应付，我之前就做到了。”接纳焦虑症状是解决问题的关键。培养积极心态，焦虑出现时以接纳的态度面对，可以让焦虑情绪自然地发生和消失。焦虑情绪是肾上腺素突然激增的结果，如果可以放轻松，任由身体产生心悸、胸闷、手心出汗、头晕等相应的反应，焦虑情绪会很快过去。身体分泌的大部分肾上腺素都会在 5 分钟内完成代谢被重新吸收，之后身体的感觉就会变好。焦虑反应的时间很短，多数情况下焦虑水平会在几分钟内达到最高峰并开始减退。有些焦虑可能会持续一段时间，但最糟糕的状态会在短时间内消失。如果不去对抗焦虑，不用“如果……该怎么办”这样充满恐惧的自我对话对待焦虑，就不会加重焦虑情绪，焦虑也就会消失得更快一些。

知道什么时候进行防卫

接纳最初的焦虑症状至关重要，但在此之后就该有所行动了。焦虑和担忧是被动的情绪状态，在这种状态下人会感觉到脆弱、失控或麻木。如果只是安静地待着什么都不做，焦虑感也有可能会持续甚至增强，让人产生受害者心理。焦虑出现时，首先要接纳，然后要认识到可以积极地做一些事把原本放在焦虑情绪上的精力转移到其他有益的事情上。简单来说，既不要与焦虑正面斗争，也不要无所作为。

采取积极有益的行动——做什么

应对当前焦虑，建议采取三种活动：①应对策略——应对策略是一些积极的应对方法，可以抵消焦虑的影响、转移对焦虑的注意力；②应对陈述——应对陈述是一些心理技巧，可以将注意力带离恐惧的自我对话并替代恐惧的自我对话；③肯定话语——肯定话语与应对陈述功能类似，使用目的是产生更长期的效果。应对策略和应对陈述帮助人们度过某一次的焦虑发作，而肯定话语帮助人们改变核心观念。例如，你可以利用某一个应对策略或应对陈述度过困境，同时也可以带入一句肯定话语，帮助自己摆脱已经纠缠数月的恐惧心理。

应对策略

应对策略对于阻断早期惊恐发作、广泛性焦虑、强迫症引起的反复性强迫思维效果非常好。但是，正在进行完全暴露治疗恐惧症的人不建议使用应对策略。本书第 4 章区分了应对暴露和完全暴露两种暴露方法。刚开始面对演讲恐惧、飞行恐惧、驾驶恐惧等恐惧症时，借助应对策略正视长期回避的恐怖情境是一种适当的做法。但是借助应对策略完成初期暴露治疗后，需要不再依靠应对策略面对恐怖情境。在不依靠陪护人或药物等辅助手段的情况下直面恐怖情境，可以让患者明白即使感到一定程度的焦虑，他们仍然可以应对恐怖情境。事实上，想要彻底克服恐惧，在没有应对策略帮助的情况下感到一定程度的焦虑通常是必要的。具体原因第 4 章有更详细的说明。前面的章节里已经提到过很多应对策略，这些策略可以帮助你面对突然出现的惊恐。

- 放松身体（参见第 1 章）。腹式呼吸对于平复急性焦虑通常很有效。另外，不管当时在做什么，试着放慢速度。
- 放松心情（参见第 2 章）。练习引导式内观或冥想15～20分钟。

- 采取积极措施正视恐惧（参见第4章）。
- 花时间呵护自己（参见第6章）。和朋友聊天、吃顿大餐、泡个热水澡、做背部按摩，这些令人愉悦的活动可能会有非常好的效果。
- 转移注意力不去想烦心事（参见第8章）。
- 制订有效行动计划解决烦忧（参见第8章）。

除此之外，还有一些其他的积极应对策略，在你应对忧虑、轻度恐惧、惊恐等不同程度的焦虑时可能会有帮助。下面是一些最受欢迎的应对策略。

面对面或打电话与人倾谈

面对面或打电话与人倾谈可以让你不再去关注焦虑引起的身体症状和焦虑思想。不管是和朋友小聚、在食杂店排队买东西，还是在搭电梯时，与人倾谈都可以有不错的效果。如果是在演讲的场合，向听众倾诉通常可以帮助排解最初的焦虑感。

四处走动或者做些平常事

急性焦虑症发作时，“战或逃”反应导致肾上腺素分泌增加，走动或者活动身体可以消耗过多的精力或肾上腺素。不要抵制伴随焦虑产生的正常的生理唤醒反应，让身体动起来。如果在单位，可以走到卫生间再走回来或者到室外散步 10 分钟。如果在家，可以做些消耗体力的家务活，也可以骑健身车或用别的方式锻炼身体。在花园里种种花、除除草也是消耗体力的好方法。

活在当下

把注意力放在当前环境里身边具体的事物上。例如，在食杂店时看看站在周围的人或者收银机旁边各种各样的杂志；开车时看看前面的车辆或者周围环境的一些细节，当然还要保证眼睛盯着道路。活在当下、专注外在的事物，这样可以把你对身体症状或灾难化思维的关注减至最低。如果情况允许，可以触摸身旁的东西，强化存在于当下的感觉。另外一个好方法是把注意力集中于自己的双腿和双脚，站立或行走时注意自己的双腿和双脚，想象自己与地面的亲密接触。

转移注意力的简单方法

有很多简单重复的动作可以帮助转移对焦虑的注意

力。下面是其中一部分，你可以试一试。

- 嚼口香糖。
- 从 100 倒数，中间隔两个数：100、97、94……以此类推。
- 在商店排队购物时数排队的人数，可以是所有队里的人数。
- 数钱包里的钱。
- 开车时数方向盘上的凸起。
- 把橡皮筋套在手腕上，弹橡皮筋。这样做可以刺激你的神经，减少你对焦虑想法的关注。
- 冲冷水澡。
- 唱歌。

更多关于转移注意力的相关建议，请参见本书第 8 章“转移注意力，不想忧心事”部分的内容。

注意事项：需要再三说明的是，转移注意力的方法可以帮助你有效应对突如其来的焦虑或担忧，但不要让转移注意力成为逃避焦虑的方式。最终，你都需要直接经历，给焦虑时间让焦虑自行远去。每次出现强烈焦虑体验时，不要逃离，让焦虑自然离去，你就会明白无论神经系统让你产生什么样的不良情绪你都可以坚持下来。这样可以增强信心，相信自己在任何情况下都有能力管理好焦虑情绪。

对焦虑发怒

发怒和感到焦虑是两种不能共存的反应，人不可能同时感到愤怒和焦虑。一些案例证明，焦虑症状可以由愤怒、沮丧和暴怒等更强烈的情绪代替。如果在焦虑感突然产生的那一刻发怒，可以阻止焦虑感进一步加深。愤怒可以以语言或行为的方式表达出来。面对焦虑症状时，可以这样说：“快滚开！我有事要做。”或者说：“见鬼去！我才不在乎别人怎么看！”还可以说：“这种反应太可笑了，无论如何我都要进入这个情境！”这种抢在焦虑之前“先发制人”的做法对有些人是有效的。

以行为表达愤怒的古老方法有：

- 在床上用双拳捶打枕头。
- 对着枕头尖叫，或者摇上车窗独自在车里尖叫。
- 用棒球棒敲打床或沙发。
- 向浴缸里扔鸡蛋。
- 劈木头。

切记，表达愤怒的对象应该是物品或空无一人的地方，不能是其他人或动物。如果真的对某个人感到愤怒，先尝试用上面的方法发泄怒气，然后再试着和那个人沟通。不要通过语言或行为向他人发泄怒气，尤其不要向自己爱的人或者在乎的人发泄怒气。

体验让人感到愉悦的事

就像愤怒和焦虑不能共存一样，快乐和焦虑也不能同时存在。下面的每一个方法都可以帮助抵御焦虑、担忧，甚至惊恐。

- 让你的伴侣或其他对你很重要的人拥抱你或者为你按摩后背。
- 冲个热水澡或者泡个热水澡放松。
- 吃点点心或者享受一顿美食。
- 享受性爱。
- 阅读有趣的书籍或者看部喜剧电影。

尝试认知转变

尝试下面的想法可以帮助你转变看法，放下担忧或焦虑。

- 承认轻松对待这件事是可以的。
- 顺其自然，静待事态发展。
- 相信任何事都终究会过去，并肯定地说："这件事也会过去。"
- 认识到事情不可能像自己想的那样糟糕。
- 认识到处理并解决这个问题是恢复和痊愈的必经之路。
- 记住不要责怪自己。你正在尽全力，没有人能比你做得更好。
- 把你的同情和关爱扩展到所有有相似焦虑经历的人。记住，你不是孤身一人。

应对陈述

应对陈述的目的是在面对焦虑时将人带离恐惧的自我对话，让人不去想"如果……该怎么办"而是把注意力转向更为自信、轻松的想法。人在焦虑时很容易受暗示影响，因此头脑中一旦出现"如果……该怎么办"这种陈述，就容易受其影响。如果给自己一些更具鼓励性和现实性、让人更加平静的话语暗示，大脑就会开始接受这些想法。经过长期反复的练习，应对陈述就会内化为认知体系的一部分，面对焦虑或担忧时这些陈述就会自动出现在脑海中。应对陈述分为三种：①事先计划面对困境的应对陈述；②进入恐怖情境或感觉陷入困境时的应对陈述；③出现焦虑或惊恐时的一般应对陈述，包括自然产生的焦虑和惊恐以及面对困境时产生的焦虑和惊恐。

事先计划面对困境的应对陈述

今天我愿意稍稍离开我的安全区，这是我学习适应这个情境的好机会。

面对我对________的恐惧是克服我对此事焦虑的最好方法。

每次我选择面对________，我就向克服恐惧又进了一步。

做到这一步，我终于可以做我想做的事了。

这就是最适合的方法，不管发生什么事都没关系。

我知道，当我真的处于那个情境中时，就不会这么难受了。不管做什么，我都会尽我所能。

我要表扬自己愿意勇敢面对对________的恐惧。

如果需要的话，我总会有办法退出这个情境。

进入恐怖情境的应对陈述

我以前能处理这个情况，现在也可以。

放轻松，慢慢来。现在不必急于求成。

不会有什么严重的事情发生的。

没关系，我可以慢慢来。我只要把今天准备要做的尽量完成就可以了。

我不会有问题的，我以前成功过。

我不用做到尽善尽美，人非圣贤。

做这件事的时候我可以想象自己身处一个宁静的地方。

我可以掌握我的焦虑水平，如果需要我可以退离这个情境。

感觉陷入困境时的应对陈述

我只是目前无法离开，这不等于我被困住无法脱身。

我现在放松一下，一会儿就离开。

陷入困境只是一个想法而已。我可以放轻松，放开这个想法。

出现焦虑或惊恐时的一般应对陈述

我可以应付这些症状和感觉。

这些感觉只是在提醒我该使用应对技巧了。

我可以慢慢来，等这些感觉过去。现在我应该没事了。

这只是肾上腺素的作用，几分钟就会消失。很快就会过去。

我能挺过去。

这些只是我想出来的，不是真的。

这只是焦虑而已，我不会让它牵着走。虽然感觉不好受，但焦虑不会伤害我。

这些感觉和感受不会对我造成伤害。

我不会让这些感觉和感受阻止我，我还能坚持下去。

这没有危险。

只是些（焦虑的）想法，仅此而已。没什么大不了。

把应对陈述写在卡片上

应对陈述已经有了，把自己最喜欢的那些写在一张或几张卡片上，这样可以方便放在钱包或手提包里，或者贴在汽车仪表板上。每次感觉焦虑症状出现时，拿出卡片读一读。需要记住的是，要经过无数次的练习，应对陈述才能完全内化成为个人认知的一部分，最终代替让我们不断感到焦虑的恐惧的、灾难化的自我对话。努力练习应对陈述是非常值得做的事。

肯定话语

应对陈述和应对策略可以减轻人们当前的焦虑感，而肯定话语不但有即时效果，也有长期的帮助。肯定话语可以帮助人们改变那些导致焦虑持续存在的长期观念，目的是帮助人们养成更加积极、自信的态度来面对焦虑。不要再做被动的受害者，你可以养成主动掌控的态度；不要再因为惊恐、恐惧、忧虑等情绪感到无力无助、难以承受，你可以培养更强的自信心，相信自己有能力解决这些问题。

下面这些肯定话语的目的是帮助你改变那些引起焦虑情绪的基本态度和观念。只读一两遍不会有什么效果，但每天练习，坚持几周或几个月后，就可以改变你对恐惧的基本看法，让你用积极有益的态度看待恐惧。练习的方法是，每天慢慢地通读以下内容一遍或两遍，边读边思考。如果能把这个内容录在手机里，每条肯定话语之间留出几秒钟的间隔，就更好了。每天心情放松的时候播放一两遍可以起到巩固作用，让你对自己和自己的人生感到更加积极和自信。

消极思想和对抗消极思想的积极肯定话语

这种情况真是让人难以忍受。

我可以学习更好地处理这种情况。

如果这种情况一直持续无休无止怎么办？

每天解决每天的问题，不用预想未来的事。

与别人相比，我感觉自己有很多伤痛和不足。

一些人的路要比另一些人的路陡峭曲折，但这并不会让我生而为人的价值降低，即使在外面的世界我取得的成绩少一些。

为什么我要应对这样的事？其他人好像都可以自在地享受人生。

人生就是一所学校。不管什么原因，至少现在我要走一条更陡峭曲折的路，学习更艰难的课程。但这并不能说我受到了不公正的对待。事实上，逆境可以培养人坚强的品质，让人富有同情心。

我得这个病好像不公平。

从人的视角看，人生可能是不公平的。但如果可以看得更宽广，我们会知道每一件事都在按计划进行。

我不知道该如何处理这个问题。

我可以一步一步学会更好地处理这个问题以及应对人生带给我的其他困难。

我感觉自己比别人差好多。

让别人在外面的世界做他们的事。我现在正在经历内心的成长和转变，这也是同样重要、同样有意义的。找到自己内心的平静，对于他人来说也是一种馈赠。

每天好像都是一个巨大的挑战。

我正在学习放慢脚步。我要留出时间好好照顾自己，做一些小事好好呵护自己。

我不明白为什么会这样，为什么这样的事会发生在我身上。

原因很多，可能与遗传、早期成长环境有关，也可能是压力累积的结果。明白其中的原因可以满足知识的需要，但不能治愈疾病。

我觉得自己要发疯了。

焦虑感很严重的时候，我感觉自己就要失去控制了。但是这种感觉与发疯无关，焦虑症和疯病还差很远呢。

我必须战胜它。

与疾病抗争很重要多留出些时间好好照顾自己更有益。

克服焦虑的肯定话语

我在学着放下忧虑。

每一天，我控制忧虑和焦虑的能力都在提高。

我在学习如何不加重自己的忧虑，学习选择平静而不是恐惧。

我在学习有意识地选择自己的想法，我选择给自己支持、对自己有益的想法。

焦虑思想出现时，我会抽时间放松，释放这些想法。

深度放松让我可以自由地选择走出恐惧。

焦虑因虚幻的想法而起，我可以放下这些虚幻的想法。

如果我在多数情况下看到事物真实的样子，就没有什么可恐惧的了。

恐惧思想通常都是夸大的，我随意中止恐惧思想的能力在加强。

放松并说服自己走出焦虑变得越来越容易了。

我忙着想一些积极、有建设性的想法，没时间担心。

我在学习控制自己的思想，选择自己的想法。

我对自己更有信心了，我知道我可以处理出现的任何情况。

恐惧正慢慢消散，从我的生活中消失。我感到平静、自信、安心。

当我渐渐放慢生活的步伐，更轻松地对待生活，我的生活也更加轻松自在、平静安宁。

我让自己放松、安心的能力逐渐增强，我发现真的没什么好怕的。

克服恐惧用的录音稿

如果录下来，下面这段文字对克服恐惧非常有效。把这段话录在手机或者其他录音设备上，录音可以用自己的声音，也可以用别人的声音，看个人喜好，朗读时速度要徐缓。

专注恐惧只会让事情变得更糟。当我足够放松时，我可以改变关注的焦点……我可以把心思放在充满爱意、给我支持、有建设性的想法上。我不能赶走恐惧的想法，与恐惧的想法抗争会让这些想法萦绕心头、挥之不去。我可以放下恐惧，想想让我内心平静、安宁的想法和情况。每次这样做，我都是在选择平静地放弃恐惧，越是选择平静，平静就越是会成为我生活的一部分。通过练习，我可以更好地转移注意力。我学会更少地专注于恐惧。我越来越善于选择健康、积极的想法，放弃恐惧思想。我抽时间让自己放松……与内心深处永远平静的那一处重逢。

抽时间让自己放松、与内心深处永远平静的那一处重逢时，我可以选择远离恐惧思想。我可以让我的思绪蔓延至更广阔的空间，广阔到超出恐惧思想的范围。恐惧需要狭小的关注范围，当我放松或冥想时，我的思绪会走得很深很远，足以超越恐惧的范围。我的恐惧思想极度夸大了风险和威胁，我在学习看清这一点。多数情况下，我面对的实际风险其实很小。当然，彻底消除生活中的风险是不可能的。我存在于肉身之中，我的肉身又存在于物质世界里，这意味着必然会遭遇一定的风险。只有天堂才存在永无风险的状态。此刻，我要学会承认我夸大风险、过分夸大严重性的倾向。所有恐惧都包含两方面的因素，一方面是高估危险发生的可能性，另一方面是低估自己应对问题的能力。如果我花时间审视我的恐惧思想，我会发现很多时候我的恐惧思想都是脱离现实的。当我选择以现实的眼光看待多数情况，我会看出这些情况其实并不危险。如果我练习用现实的想法代替恐惧思想，最终我的恐惧思想将会变少。每次感到恐惧时，我都承认我的恐惧思想不符合实际，然后更轻松地放它们离去。

重要的是不要加深恐惧……不要总是想着它或者给它能量。相反，我可以练习把注意力转移到可以让我心情好转的事情上，任何事情都可以。我可以集中精神和朋友们聊天、阅读振奋人心的读物、做需要动手的事、听音乐，还有其他很多活动可以让我不再专注于恐惧。通过练习，我可以越来越熟练地远离恐惧思想，不让自己沉迷在恐惧之中。我不再是恐惧思想的受害者，而是开始变成恐惧思想的掌控者。我知道对于恐惧我有更多的选择，我可以走进恐惧，也可以走出恐惧。随着时间的推移，我学会走出恐惧，我的生活变得更加轻松自在、平静安宁。这样，我也为建造更加安宁祥和的世界贡献了自己的力量。

参考书目

Benson, Herbert. 2000. *The Relaxation Response*. Reissue Edition. New York: HarperTorch.

- - -. 1985. *Beyond the Relaxation Response*. New York: Berkley Books.

Bourne, Edmund J. 2015. *The Anxiety and Phobia Workbook*. Sixth Edition. Oakland, CA: New Harbinger Publications.

- - -. 2001. *Beyond Anxiety and Phobia*. Oakland, CA: New Harbinger Publications.

Copeland, Mary Ellen. 2000. *The Worry Control Workbook*. New York: Barnes & Noble Books.

Craske, Michelle G., Katharina Kircanski, Moriel Zelikovsky, Jayson Mystkowski, and Aron Baker. 2008. "Optimizing Inhibitory Learning During Exposure Therapy." Behaviour Research and Therapy 46: 5-27.

Elgin, Duane. 2010. *Voluntary Simplicity*. Second Edition.

New York: Harper.

Forsyth, John P., and Georg H. Eifert. 2007. *The Mindfulness & Acceptance Workbook for Anxiety.* Oakland, CA: New Harbinger Publications.

Harris, Russ. 2009. *ACT Made Simple.* Oakland, CA: New Harbinger Publications.

Hayes, Steven C. 2005. *Get Out of Your Mind & Into Your Life.* Oakland, CA: New Harbinger Publications.

Jacobson, Edmund. Midway Reprint, 1974. *Progressive Relaxation. Revised Edition.* Chicago: The University of Chicago Press.

Sears, Barry and Bill Lawren. 1995. *Enter the Zone: A Dietary Road Map.* New York: ReganBooks.

Wilson, Reid. 2009. *Don't Panic: Taking Control of Anxiety Attacks.* Third Edition. New York: Harper Perennial.